工业机器人作业系统集成开发培训推荐用书

工业机器人作业系统集成开发与应用

——实战及案例

刘超　周恩权　言勇华　主编

化学工业出版社
·北京·

内容简介

本书主要介绍了工业机器人在不同领域的应用，剖析了这些领域所涉及的不同子系统及不同质量梯队的关键零部件的品牌，并通过实际案例具体阐述了在典型领域应用的关键点及项目实施的要点。

本书是编者长期在产业研究院实际开展系统集成项目的经验总结，逐一介绍了机器人选型、系统配置、工装夹具设计、电控方法、CCD、激光视觉方案等的要点和注意事项。本书主要面向有一定机电基础的技术人员和刚刚进入工业机器人自动化行业的工程师，同时也适合工业机器人系统集成方面的相关读者阅读。

图书在版编目（CIP）数据

工业机器人作业系统集成开发与应用：实战及案例/刘超，周恩权，言勇华主编.—北京：化学工业出版社，2021.7

ISBN 978-7-122-39113-1

Ⅰ.①工… Ⅱ.①刘…②周…③言… Ⅲ.①工业机器人-系统集成技术 Ⅳ.①TP242.2

中国版本图书馆CIP数据核字（2021）第087343号

责任编辑：金林茹　张兴辉　　　　装帧设计：王晓宇
责任校对：王　静

出版发行：化学工业出版社（北京市东城区青年湖南街13号　邮政编码100011）
印　　装：天津盛通数码科技有限公司
710mm×1000mm　1/16　印张$14\frac{1}{4}$　字数230千字　2021年8月北京第1版第1次印刷

购书咨询：010-64518888　　　　售后服务：010-64518899
网　　址：http://www.cip.com.cn
凡购买本书，如有缺损质量问题，本社销售中心负责调换。

定　　价：98.00元

前言

目前，工业机器人在汽车、金属制品、电子、橡胶及塑料等行业得到了广泛的应用。随着性能的不断提升，以及各种应用场景的不断明晰，2013年以来，工业机器人的市场规模正以年均12.1%的速度快速增长。随着工业机器人进一步普及，未来全球的工业机器人市场规模将会持续上升，其中亚洲是工业机器人最大的销售市场，而中国目前已是亚洲最大的市场，也是亚洲最具潜力的市场。

随着工业机器人的快速发展，工业机器人作业系统集成相关的人才缺口巨大，不仅包含机器人示教、编程、维护等机器人使用方面的人才，而且包括配合机器人完成特定工作的系统集成方面的机、电、气、液、焊接及视觉技术相关的人才。本书正是根据这一需求，严格按照行业法规和职业要求，遵循技术人才成长规律，以实际设计、集成能力为培养重点，以岗位的工作职责为导向，以典型的应用场景任务为依托，通过将机器人技术与相关的机、电、气、液、焊接、视觉等自动化技术有机融合，真正体现系统集成的自动化、信息化的理念，为培养项目前能准确评估风险、项目中能积极推进、项目后能完成交付使用的高素质机器人作业系统集成方面的优秀人才提供服务。

笔者在产业研究院开展系统集成项目时，遇到了包括机器人品牌选择、工装夹具的设计要领、零部件精度级别的选择及检验方法、不同品牌部件的匹配、项目人才培养等多方面的问题。这些问题都关系到整个作业系统能否完成预定工作、能否交付客户长期稳定使用，因此笔者根据企业实际需要，从具体实施项目的机器人选型、系统配置、工装夹具设计、电控方法、CCD、激光视觉方案等实际工作任务出发，逐一介绍相关的要点和注意事项，以期为实际项目的应用提供一些具体的指导，同时为企业培养人才和工艺固化等提供参考。

本书的编写得到了上海交通大学机械与动力工程学院机器人研究所、机械系统与振动国家重点实验室、ABB机器人实验室、上海林肯电气焊接应用技术实验室、安川机器人实验室、库卡机器人实验室、发那科机器人实验室、海安上海交通大学智能装备研究院、中国天楹股份有限公司等企事业单位及其工程师的大力支持。

尽管笔者努力完善书稿内容，但因水平所限，书中肯定会有不尽如人意之处，热忱欢迎广大读者提出宝贵的建议和意见。

编者

目录

第1章

工业机器人发展概述

作为机器人产业的重要组成部分，工业机器人的定义为“在工业自动化中使用，可对三个或三个以上轴进行编程的固定式或移动式的、自动控制的、可重复编程、多用途的操作机”，是一种面向工业领域的多关节机械手或多自由度机械装置，在工业生产加工过程中通过自动控制来代替人类执行某些单调、频繁和重复的长时间作业。工业机器人是靠自身动力和控制能力来实现各种自动执行功能的一种机器，它既可以接受人类指挥，又可以按照预先编排的程序运行，现代的工业机器人还可以根据人工智能技术制订的原则纲领自主决策行动。

1.1 工业机器人简介

目前的工业机器人在多行业、多领域可以完成多种不同的工作。在工业领域，机器人已能很好地完成诸如弧焊、搬运、码垛、装配、折弯、磨抛、协作、切割下料、喷涂点胶、点焊、机床上下料、检验检测等工作；在特殊领域，如排爆、水下、狭小空间视觉检查等，机器人也有了广泛的应用。

根据机器人的应用环境，国际机器人联合会（IFR）将机器人分为工业机器人和服务机器人，我国将机器人划分为工业机器人、个人/家用服务机器人、公共服务机器人、特种机器人四类。

工业机器人主要由主体、驱动系统和控制系统三个基本部分组成。主体即机座和执行机构，包括臂部、腕部和手部，有的机器人还有行走机构。大多数工业机器人有3～6个运动自由度，其中腕部通常有1～3个运动自由度。驱动系统包括动力装置和传动机构，核心为减速器以及伺服电机，用以使执行机构产生相应的动作。控制系统按照输入的程序对驱动系统和执行机构发出指令信号，并进行控制[1]。

常见的工业机器人应用领域及主要用途见表1-1。

表1-1 工业机器人应用领域及主要用途

应用领域	主要用途
焊接和钎焊	弧焊、点焊、激光焊、钎焊及其他焊接
涂层与胶封	粘胶、密封或类似材料的喷漆、上釉及其他点胶或喷涂
切割加工	激光、水刀或机械切割；磨削、去毛刺、抛光及其他加工
装配与拆卸	固定、压装、装配、安装及嵌入、拆卸等
码垛搬运	金属铸造、塑料成型、冲压、锻造、钣金、机床加工、产品检测、检验、测试、码垛、包装、拾放、布料及其他机械加工的搬运与上下料
其他	半导体用洁净室、平面显示器用洁净室、其他洁净室等的应用

1.2 工业机器人发展现状

机器人产业已成为国家工业化的重要标志，在劳动力成本不断飙升和机器人制造门槛日趋下降的大背景下，机器人及智慧装备产业的发展越来越受到社会各界的广泛关注。

机器人的发展大致分为四个阶段，见图1-1。

1.2.1 国外工业机器人发展现状

在世界工业机器人业界中，日本和欧洲各国的工业机器人发展尤为迅速，逐渐成为全球工业机器人市场的主场。以瑞士的ABB、德国的库卡、日本的发那科和安川电机最为著名，并称工业机器人四大家族，见图1-2。它们在亚洲市场同样也是举足轻重的，更占据中国机器人产业70%以上的市场份额，几乎垄断了机器人制造、焊接等高阶领域。当然，除了享有美誉的四大家族，还有很多在某一行业的应用特别突出的代表企业。下面我们通过这些企业来分析一下国外机器人的发展现状，见表 1-2。

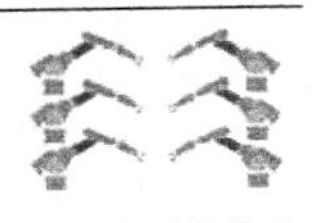

图 1-1　机器人历史发展阶段

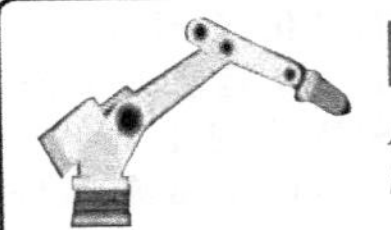

(a) 瑞士ABB

(b) 德国库卡

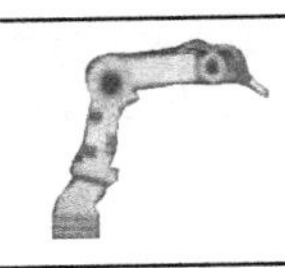

(c) 日本发那科

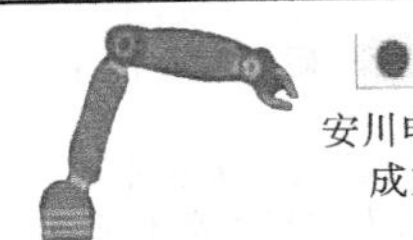

(d) 日本安川电机

图 1-2　工业机器人四大家族

表 1-2 世界知名机器人企业及发展现状

世界知名机器人企业	企业发展与现状
ABB	ABB(Asea Brown Boveri)公司是由两个有100多年历史的国际性企业(瑞典的ASEA和瑞士的BBC Brown Boveri)在1988年合并而成的,名列全球500强,总部坐落于瑞士苏黎世。ABB的业务涵盖电力产品、离散自动化、运动控制、过程自动化、低压产品五大领域,以电力和自动化技术最为著名。ABB拥有当今最多种类的机器人产品、技术和服务,是全球装机量最大的工业机器人供货商。ABB强调的是机器人本身的整体性,以其六轴机器人为例,其单轴速度并不是最快的,但六轴联合运作以后的精准度是很高的。 ABB的核心技术是运动控制系统,对机器人自身来说这也是最大的难点。掌握了运动控制技术的ABB可以满足精度、运动速度、周期时间、可程序设计等机器人性能,大幅度提高生产的质量、效率以及可靠性。目前,ABB机器人产品和解决方案已广泛应用于汽车制造、食品饮料、计算机和消费电子产品等众多行业的焊接、装配、搬运、喷涂、精加工、包装和码垛等作业环节,大大提高了生产效率
库卡(KUKA)	库卡机器人有限公司于1898年在德国奥格斯堡建立,最初主要专注于室内及城市照明,不久后开始涉足其他领域。1973年研发了名为FAMULUS的第一台工业机器人。库卡公司主要为汽车制造领域的客户提供工业机器人,同时也专注于为工业生产过程提供先进的自动化解决方案等。其橙黄色的机器人鲜明地代表了公司主色调。 库卡机器人可用于物料搬运、加工、点焊和弧焊,涉及自动化、金属加工、食品和塑料等产业。不仅如此,库卡机器人还被广泛用于食品工业、物流运输、建筑产业、玻璃制造业等。库卡机器人的用户包括通用汽车、克赖斯勒、福特、保时捷、BMW、奥迪、奔驰、福斯、法拉利、哈雷、波音、西门子、宜家、施华洛世奇、沃尔玛、百威啤酒、BSNMedical、可口可乐等著名企业
发那科(FANUC)	发那科公司创建于1956年,并于1959年首次推出了电液步进电机。进入20世纪70年代后,得益于微电子技术、功率电子技术、计算机技术的飞速发展,FANUC公司毅然舍弃了使其发家的电液步进电机数控产品而开始转型。1976年,FANUC公司成功研制了数控系统,随后又与西门子公司联合研制了具有高水平的数控系统,此后,FANUC公司的产品日新月异,年年翻新,使其成为当今世界上数控系统设计、制造、销售实力很强的企业之一。 FANUC公司是全球专业的数控系统生产厂商,FANUC工业机器人与其他企业相比独特之处在于:工艺控制更加便捷、同类型机器人底座尺寸更小、拥有独有的手臂设计
安川电机(YASKAWA)	安川电机公司创立于1915年,是日本最大的工业机器人公司,总部位于福冈县的北九州岛市。1977年,安川电机运用自己的运动控制技术开发生产出了日本第一台全电气化的工业用机器人,此后相继开发了焊接、装配、喷漆、搬运等各种各样的自动化作业机器人,并一直引领着全球产业用机器人市场。 安川电机主要生产伺服和运动控制器,这些是制造机器人的关键零件。安川电机之所以可以掌握核心科技,与其有着近百年专业电气研发的历史密不可分,这让安川电机在机器人开发方面有着独特优势。安川电机相继开发了焊接、装配、喷涂、搬运等各种各样的自动化作业机器人,其核心的工业机器人产品包括:点焊和弧焊机器人、油漆和处理机器人、LCD玻璃板传输机器人和半导体芯片传输机器人等。安川电机是将工业机器人应用到半导体生产领域最早的厂商之一

续表

世界知名机器人企业	企业发展与现状
史陶比尔	史陶比尔公司于1892年在瑞士苏黎世湖畔的贺根市创建。史陶比尔将其先进的机械制造技术应用到工业机器人领域，并提供卓越的技术服务。 目前为止，史陶比尔开发出了系列齐全的机器人，包括SCARA四轴机器人，六轴机器人，应用于注塑、喷涂、净室、机床等环境的特殊机器人等。史陶比尔机器人多用于3C产业[①]中快速、高精度搬运等
爱普生(EPSON)	精工爱普生公司(简称爱普生)是世界领先的创新企业之一，业务包括喷墨打印机和打印系统、3LCD投影机、工业机器人、传感器和微型元器件。爱普生在打印、视觉交流、可穿戴设备、机器人等领域持续创新，其在机器人领域的主要产品为SCARA、小六轴及线性轴，多用于3C产业中的快速、高精度搬运等
川崎	川崎机器人(天津)有限公司提供了物流生产线上多种多样的机器人产品，在饮料、食品、肥料、太阳能、炼瓦等各种领域中都有非常可观的销量。川崎的码垛、搬运等机器人种业繁多，针对客户工场的不同状况和不同需求提供适合的机器人、专业的售后服务和先进的技术支持。公司还拥有丰富的部品在库，能够为顾客及时提供所需配件，并且公司内部有展示用喷涂机器人、焊接机器人，以及试验用喷房等，能够为顾客提供各种相关服务
那智不二越	那智不二越公司是1928年在日本成立的，并在2003年建立了那智不二越(上海)贸易有限公司。那智不二越是从原材料产品到机床的全方位综合制造型企业。有机械加工、工业机器人、功能零部件等丰富的产品，应用的领域也十分广泛，如航天工业、轨道交通、汽车制造、机加工等。那智不二越的整个产品系列主要是针对汽车产业的
柯马(COMAU)	柯马公司是一家隶属于菲亚特集团的全球化企业，成立于1976年，总部位于意大利都灵。柯马为众多行业提供工业自动化系统和全面维护服务，从产品的研发到工业自动化系统的实现，其业务范围主要包括车身焊装、动力总成、工程设计、机器人和维修服务
松下	1980年，松下AW系列弧焊机器人投放上市，机器人系统之间采用的是单向模拟通信。与之相比，最新的TM系列机器人，除了大幅提升了机器人基本性能，还为实现完美焊接进行了多种创新。松下公司不仅是机器人厂家，而且是有着近60年历史的电焊机制造厂家，在弧焊电源的设计开发以及焊接技术方面都处于领先的地位。机器人及其附属品、焊接电源及相关附属品、机器人系统周边设施、焊接夹具、配管、配电以及系统集成中，无论软件还是硬件，松下都采用的是自主的设备和技术，同时提供焊接工艺保障。松下是提供机器人焊接一站式解决方案的强有力的企业之一
OTC	OTC公司于1919年在日本大阪市创立，即大阪变压器株式会社，是日本的焊接机器人专业生产厂家之一，是向以中国为主的40多个国家出口焊接机器人的专业公司之一，也是最早进入中国市场销售的焊接机器人专业生产厂家之一。OTC焊接机器人是最常见的工业机器人，常用于汽车制造流水线中，汽车车身和其他采用焊接工艺的部件的焊接。在非标自动化行业中主要应用于小型薄板的焊接，在中厚板领域的使用较为少见

续表

世界知名机器人企业	企业发展与现状
电装(DENSO)	DENSO公司是世界汽车零部件及系统的供应商之一。电装提供多样化的产品及其售后服务，其产品包括汽车空调设备和供热系统、电子自动化和电子控制产品、燃油管理系统、散热器、火花塞、组合仪表、过滤器、产业机器人、电信产品以及信息处理设备。 电装自1967年开始着手工业用机器人技术的研发，至今已成功研发出8个系列的工业用机器人，在汽车零部件、金属加工、化工、制药以及一般制造业的生产中广泛应用
东芝(Toshiba)	东芝是日本最大的半导体制造商，也是第二大综合电机制造商，隶属于三井集团。公司创立于1875年7月，业务领域涵盖数码产品、电子元器件、社会基础设备、家电等。20世纪80年代以来，东芝由一个以家用电器、重型电机为主体的企业，转变为包括通信、电子在内的综合电子电器企业。目前东芝的机器人产品以SCARA机器人为主，多用于物料的快速高精度搬运
三菱	三菱电机株式会社成立90多年，主要致力于支持事业的基础技术、新产品的开发，以及未来引领新事业发展的产品和系统的研究开发等。 三菱电机在中国的制造、销售企业已达33家，在电梯、FA系统、空调、电力系统(变电机器、配电机器)、铁路电机产品、汽车电装部件、半导体等领域拥有节能环保的高性能产品。机器人是三菱目前新兴的一块业务，主要有小型六轴机器人和SCARA机器人
欧姆龙	欧姆龙集团始创于1933年，公司除了在起步阶段生产定时器外，后来专门生产保护继电器。这两种产品的制造成为欧姆龙株式会社的起点。 现如今产品达几十万种，涉及工业自动化控制系统、电子元器件、汽车电子、社会系统以及健康医疗设备等广泛领域。机器人产品主要为小型六轴机器人、Delta机器人及SCARA机器人

① 3C产业是指计算机、通信、消费电子一体化的信息家电产业。

就机器人类型来说，美国和欧洲各国在国防、医疗及服务机器人领域的技术比较领先，日本、韩国则专注于家用机器人和服务及工业机器人。

日本机器人产业链分工清晰，市场差异化明显。各公司各司其职，分别定位于不同的产业链环节和不同的应用行业。日本在机器人原材料、核心零部件(控制系统、减速器等)、本体和系统集成方面，处于世界领先的地位[2]。

欧洲各国的机器人本体制造技术较为先进。德国引进工业机器人虽然稍晚于日本，但其发展状况与日本类似。经过多年的努力，以库卡为代表的工业机器人企业居于世界领先地位。

美国比较侧重机器人系统集成技术，其机器人本体制造较为一般。美国国内基本不生产普通工业机器人，企业需要的机器人通常通过进口，再自行设计制造配套的外围设备。以智能化为主要方向，美国不断加大对新材料与新技术的研发力度，明确提出以发展工业机器人提振制造业。

韩国机器人产业的客户主要为三星集团。目前韩国现代重工已与机器人紧密对接，大大提高了韩国工业机器人生产商在世界市场的份额[3]。

1.2.2 国内工业机器人发展现状

在持续呈现“爆炸式增长”的机器人行业，工业发达国家正凭借技术优势，对机器人产业展开新一轮战略布局，作为世界最大市场的中国唯有加快追赶步伐，才不至于被落下。近年来，随着人工智能技术、数字化制造技术与移动互联网创新融合步伐的不断加快，世界机器人产业的发展呈现出新的态势。随着中国机器人市场的繁荣，当今的世界工业机器人模式中“中国模式”悄然兴起。

近两年来，我国机器人企业发展迅速，特别是骨干企业的研发生产能力不断提高，沈阳新松、南京埃斯顿、安徽埃夫特、广州数控、上海新时达等企业不断发展壮大，厦门思尔特、昆山华恒、唐山开元、上海交睿、广州明珞等系统集成商已具备较强的竞争优势，国内机器人应用行业迎来了较大发展。

国内知名机器人企业，见表 1-3。

表 1-3　国内知名机器人企业及发展现状

国内知名机器人企业	企业发展与现状
沈阳新松	平昌冬奥会上的“北京八分钟”让国人认识了一家强大的国产工业机器人企业——沈阳新松机器人自动化股份有限公司。这是一家隶属于中国科学院，以机器人独有技术为核心，致力于数字化智能高端装备制造的高科技上市企业。 作为最早进入机器人领域的国企，新松机器人的产品涵盖工业机器人、洁净真空机器人、移动机器人、特种机器人及智能服务机器人五大系列，其中工业机器人产品填补多项国内空白，创造了中国机器人产业发展史上多项第一，特种机器人在国防重点领域得到批量应用
南京埃斯顿	埃斯顿自动化公司 1993 年在南京成立，具有与世界工业机器人技术同步发展的技术优势。公司已经具有全系列工业机器人产品，包括 Delta 和 Scara 工业机器人系列，其中标准工业机器人规格从 6kg 到 300kg，应用在点焊、弧焊、搬运、机床上下料等领域。 从 2011 年到现在，埃斯顿一直维持着高速增长的态势。在国内本体机器人市场排名前三
安徽埃夫特	安徽埃夫特智能装备有限公司成立于 2007 年 8 月，是一家专门从事工业机器人、大型物流储运设备及非标生产设备设计和制造的高新技术企业。 埃夫特机器人在奇瑞汽车等企业中历经五年的苛刻考验和充分验证之后，被广泛推广到汽车及零部件、家电、电子、卫浴、机床、机械制造、日化、食品和药品、光电、钢铁等行业中

续表

国内知名机器人企业	企业发展与现状
上海新时达	上海新时达机器人有限公司是新时达股份全资子公司。2003 年新时达收购了德国 Anton Sigriner Elektronik GmbH 公司，分别在德国巴伐利亚与中国上海设立了研发中心，把机器人技术引入中国。2013 年在中国上海建立了生产基地。 新时达目前是国内最大的电梯控制系统配套供应商，产品包括电梯控制系统和电梯变频器两个系列。2014 年，公司收购了众为兴，加强了运动控制及机器人领域的资源优势
哈尔滨博实	博实机器人是专门从事机器人技术研发与产业化的高新技术企业，公司依托机器人技术与系统国家重点实验室和哈尔滨工业大学机器人研究所，致力于工业机器人、教学机器人、柔性制造系统（FMS）、自动化物流系统（MPS）、精密定位和精密测量领域产品的开发，已经成为我国重要的机电一体化教育设备的研发和生产基地
广州数控（GSK）	广州数控设备有限公司 20 年来专注于机床数控系统、伺服驱动装置与伺服电机的研发及产业化，向客户提供 GSK 全系列的机床数控系统、伺服驱动装置和伺服电机等数字控制设备，是国内最具规模的数控系统研发生产基地。 RB 系列搬运机器人是广州数控自主研发的六关节工业机器人，融合了国家 863 科技计划项目的重要成果，现已形成了 3kg、8kg、20kg、50kg 等多个规格型号的产品。RB 系列搬运机器人广泛用于机床上下料、冲压自动化生产线和集装箱等的自动搬运
武汉华中数控	武汉华中数控股份有限公司创立于 1994 年，是华中科技大学的校办企业。早期主要做数控机床，其数控系统资源有优势。 华中数控已经研发出 4 个系列 27 种规格的机器人整机产品，完成了包括冲压、注塑、机加、焊接、喷涂、打磨、抛光等在内的几十条自动化线，开发了机器人控制器、示教器、伺服驱动、伺服电机等近十个规格的机器人核心基础零部件，并且已经形成了工业机器人批量销售
上海图灵	上海图灵智造机器人有限公司是国产机器人行业的后起之秀。公司的机器人软件控制研发团队由上海交通大学教授和博士组成，核心研发人员均拥有名校硕博以上学历。公司的机器人机械本体研发团队由知名外资机器人公司的研发骨干组成，拥有十年以上的机器人行业机械本体开发经验
深圳大族	深圳市大族机器人有限公司是由上市公司——大族激光科技产业集团股份有限公司投资组建的全资控股高新技术企业。公司成立于 2017 年 8 月，位于深圳市南山区高新技术产业园，并在宝安区有生产基地。 该公司围绕智能机器人开展业务，开发了机器人电机、伺服驱动器、机器人控制器、机器视觉等机器人核心功能部件，并成功推出了人机协作机器人、精密直角坐标机器人、AGV、SCARA、移动操作机器人、智能检测等机器人和自动化产品
上海欢颜	欢颜机器人自成立以来凭借尖端科技力量为广大用户提供焊接、切割、打磨、包装、组装、搬运等各种不同功能的工业机器人，以及相应的成套解决方案。欢颜机器人致力于为中小制造型企业提高自动化水平，降低人工及综合生产成本，努力实现“无人化”工厂，为中小型企业提供优质、高效的整体解决方案
南通振康	2009 年南通振康正式进军机器人领域，开始研制 RV 减速器，陆续投入 2000 多万元引进了先进的自动化精密机械加工设备，并联合上海交通大学、上海大学等高等院校和科研院所开展产学研联合攻关。经过不懈努力，攻克了设计、加工、装备等一系列技术难题，成功研发了 RV 减速器，使中国终于拥有了自己的 RV 减速器。2017—2020 年，南通振康新增投资预计超过 2 亿元，用于新工厂基建、精密加工设备、数字化软件、全自动流水线等

中国机器人发展呈现百花齐放的特征。从集成到本体到零部件，多点开花、阶梯追赶，系统集成环节在中国市场已实现对外资的反超，占据主要市场份额。从国际对比来看，中国机器人产业模式初期更接近美国，目前正向日本模式发展，未来的发展将类似于日本的产业链分工模式，前提是真正突破机器人本体核心部件的技术。

在国家大力支持以及企业与科研机构研发人员的不懈努力下，我国机器人领域创新成果不断涌现，技术水平显著进步，市场竞争能力明显增强，并在诸多领域中初步实现了产业化应用。但无论从技术水平还是产业规模来看，总体尚处于产业形成期，国产机器人发展仍然面临严峻挑战。

第一，核心技术缺失，企业研发投入资金压力大。机器人产业是技术密集型和资金密集型产业，投资大、投资周期长，加之我国机器人产业发展时间尚短，企业技术基础普遍较为薄弱，更需要大量持续的研发资金投入。我国机器人产业作为战略性新兴产业，近几年才发展起来，绝大多数为中小型企业，资金实力有限，无法支撑巨大的研发投入，难以应对迅速变化的市场需求。

第二，各类人才短缺，制约创新及应用推广。虽然机器换人可以替代大量的简单劳动力和一般技术工人，但随之而来的是对机器人技术研发、操作及维修人员的大量需求。目前，我国机器人产业发展中，以下几类人才缺口已经开始显现并呈现加剧态势：其一，机器人是多学科交叉融合的产物，其技术与产业的发展需要掌握机械工业、电子信息、生物材料等多领域专业知识的高素质研发设计型人才；其二，机器人应用需要能够精准掌握客户需求、生产工艺以及产品外在特征、内在性能，并且具备丰富项目管理和行业经验的系统集成人才、市场营销人才；其三，机器人使用过程中，机器人操作、调试、维护等高技能人才必不可少。

第三，国际竞争加剧，国产机器人推广应用面临挑战。2017 年开始，ABB、KUKA 在上海，发那科在广州，安川在常州，分别开始建厂生产机器人本体，并开始降价，在价格上与自主品牌展开竞争。在外资品牌挤压下，国产机器人的市场拓展显得尤为艰难。

第四，无序竞争显现，影响行业健康发展。近两年，在巨大的市场潜力诱惑下，新的机器人企业不断涌现，但一些企业既未找准产品定位，又缺乏研发能力，不具备检测试验设施，不遵循现有标准便盲目投入、组装生产，在产品质量、可靠性无法保证情况下，以低价抢占市场，扰乱了正常市场竞争秩序，不利于行业健康可持续发展。

根据 IFR 的报告，世界传统制造业将从大批量、单一化生产向小批量、多元化生产转型，生产设备安全性需求将进一步提高，同时制造业还将面临高技工的严重短缺。国际机器人联合会预计，制造业的升级改造带来的高自动化投资回报率和人工成本上涨，劳动套利的现象将会急剧减少。

对此，IFR 给出的建议是让机器人变得简化、数字化和协作化。简化主要是指将机器人安装调试和操作编程过程进一步简化，降低中小型企业使用机器人的门槛。数字化是指将生产和数据结合起来，利用机器学习技术进一步提高生产力。协作化是指人机协作的方式能大幅提高生产效率，在未来将更多的协作机器人投放到生产制造中。

协作机器人的操作相对简单，是工业机器人的一个分系，在价格上也相比于传统工业机器人更为低廉。2015～2019 年，协作机器人增长 10 倍，从 2015 年的约 9500 万美元升值到 2019 年的超过 10 亿美元。TMR（Transparency Market Research）预计，2024 年年底，世界协作机器人的市值有望达到 950 亿美元。除了四大家族等一系列国内外机器人巨头企业纷纷布局，不少新兴企业也在该领域不断发力。

除了前面已经介绍的国内外综合性机器人企业外，下面几家协作机器人公司不得不提。

（1）丹麦 Universal Robots

Universal Robots（优傲机器人公司）于 2005 年在丹麦成立，致力于为全球各种规模的企业生产安全、灵活和易于使用的 6 轴工业机械臂。该公司于 2009 年推出了全球首款协作机器人。目前，优傲机器人公司共有三款协作机器人——UR3、UR5 和 UR10，这三款机器人形式相同，只是尺寸和负载有异。UR3 自重仅为 11kg，但是有效负载却高达 3kg，工作半径 50cm，所有腕关节均可 360°旋转，而末端关节可做无限旋转；UR5 自重 18kg，负载高达 5kg，工作半径 85cm；UR10 可负载 10kg，工作半径 130cm，外接 Teach Pendant 控制器，支持拖动示教。

（2）美国 Rethink Robotics

Rethink Robotics 公司成立于 2008 年，于 2012 年更名并推出了第一款协作机器人 Baxter。Rethink Robotics 协作机器人最具标志性的设计是让人印象深刻的友好笑脸——一块置于基座上方的显示屏。这家美国公司的主力产品有双臂机器人 Baxter 和单臂机器人 Sawyer。Baxter 能完成一些高阶任务，如在产品线中移除有缺陷的产品，将成品装进盒子，进行基本的质控检查。Sawyer 是 Rethink Robotics 公司于 2015 年 3 月推出的，与 Baxter 相比体型更小，自重 19kg，具备 7 个自由度，有效负载 4kg，臂展 126cm，比较擅长处理普通机器人无法处理的高精度工业任务。

这家公司虽然已于 2018 年倒闭，但是它的标志性设计、它的近 1.5 亿美元的融资、它对协作机器人发展的推动，不应该被我们轻易忘记。

(3) 北京遨博智能

遨博智能科技公司 2015 年于北京成立，前身为 Smokie Robotics，是国内首个致力于轻型协作机器人研发、生产和销售的高新技术企业。遨博创立伊始便陆续突破控制器、末端执行器、减速器、电机、传感器等关键核心技术，并于 2015 年推出国内第一款具有核心自主知识产权及全国产化的轻型协作机器人，同时被 IEEE Spectrum 评为 2015 年国内唯一一家国际最具有创新性和成长性的协作机器人企业。

(4) 上海节卡

节卡机器人公司传承了上海交通大学机器人研究所自 1979 年以来的机器人核心技术积累与研发技术，组建了包含 10 余名领域权威专家及百余名资深工程师的庞大研发团队，目前在驱控一体化、一体化关节、拖拽编程、无线互联等多项应用上取得了创新性突破，不断引领着机器人技术的发展潮流。

1.3 工业机器人关键零部件现状

目前全球工业机器人成本构成中，35%左右是减速器，20%左右是伺服电机，15%左右是控制器，机械加工本体只占 15%左右，而这些关键部件大多被国外企业垄断。

随着国内机器人行业的快速发展，产业化能力不断提升。苏州绿的、南通振康、汇川技术、深圳固高等企业在关键零部件的研制方面取得明显突破。

（1）减速器

减速器是技术壁垒最高的工业机器人关键零部件，其按结构不同可以分为五类：谐波齿轮减速器、摆线针轮行星减速器、RV减速器、精密行星减速器和滤波齿轮减速器。其中，RV减速器和谐波齿轮减速器是工业机器人中最主流的精密减速器，RV减速器在先进机器人传动中有逐渐取代谐波齿轮减速器的趋势。目前，全球约75%的精密减速器市场被日本的哈默纳科和纳博特斯克占领，其中，纳博特斯克生产RV减速器，约占60%的份额；哈默纳科生产谐波减速器，约占15%的份额。

最近几年，虽然国内也有秦川机床工具股份有限公司、南通振康焊接机电有限公司、武汉市精华减速机制造有限公司等量产RV减速器，但在扭转刚度、传动精度等稳定性、精度指标及噪声方面差距还比较明显，而且耐疲劳强度方面差距也比较明显，容易磨损报废，所以国产机器人企业鲜有选用，普遍还依赖进口。谐波齿轮减速器与日本产品在输入转速、传动精度、传动效率等方面存在较大差距，但国内已有可替代产品，如北京谐波传动技术研究所、北京中技克美谐波传动有限责任公司、苏州绿的谐波传动科技有限公司等的产品。

（2）伺服电机

伺服电机是一种补助马达间接变速装置，可使控制速度、位置精度非常准确，能够将电压信号转化为转矩和转速以驱动控制对象，相当于工业机器人的“神经系统”。国内伺服电机市场中，排名前三的为松下、三菱、安川，均为日系品牌，总份额达到45%，西门子、博世、施耐德等欧系品牌多为高端产品，整体市场份额在30%左右，国内企业整体份额低于10%。

我国伺服电机自主配套能力已现雏形，产品功率范围多在22kW以内，技术路线与日系产品接近，较大规模的伺服品牌有20余家，主要有南京埃斯顿自动化股份有限公司、广州数控设备有限公司、深圳市汇川技术股份有限公司等。

（3）控制器

控制器是工业机器人的“大脑”，发布和传递动作指令，包括硬件和软件两部分：硬件就是工业控制板卡，包括一些主控单元、信号处理部分等电路；软件主要是控制算法、二次开发等。由于其地位和门槛相对较低，成熟机器人厂商一般自行开发控制器，以保证稳定性和维护技术体系。国内控制器市场中，发那科、安川、ABB占据40%以上的份额。

我国控制器与国外差距较小，硬件技术已经掌握，软件技术国产品牌在稳定性、响应速度、易用性等方面还有差距。国内有能力的机器人厂家通常会开发自己的控制器及控制算法系统，如武汉华中数控股份有限公司、沈阳新松机器人自动化股份有限公司、上海新时达电气股份有限公司等相关产品均已经达到国际先进水平，其他一些新兴的机器人厂家大部分在使用KEBA、固高和汇川的控制器和控制系统。

第2章 工业机器人应用概述

本章内容旨在让读者初步直观地了解工业机器人在各行业的应用，下面将通过列举典型案例一一说明。

2.1 在弧焊领域的应用

采用机器人进行弧焊时，由于每条焊缝的焊接参数都是恒定的，焊缝质量受人为因素的影响较小，焊接质量比较稳定。一般的弧焊机器人是由示教盒、控制盘、机器人本体及自动送丝装置、焊接电源等部分组成，可以在计算机的控制下实现连续轨迹控制和点位控制，可以焊接碳钢、铝合金及不锈钢等，材料最薄可以焊到0.8mm，最厚可至50mm甚至更厚。下面是工业机器人在弧焊领域的具体应用。

（1）大尺寸结构件焊接生产线

依据产品生产工艺流程，焊接重载结构件，焊接板厚达40mm，机器人采用地轨或龙门方式移动，实现一台机器人多工位焊接，如图2-1所示，大大提高了机器人利用率，通过AGV搬运物料将多个工作站连接成流水式生产线。

（2）龙门式焊接工作站

在地铁土建、建筑钢筋网焊接行业，以往的焊接都是人工方式，效率低，劳动强度大，质量不稳定。龙门焊接工作站可以通过 X、Y 轴移动至准确位置，通过 Z 轴进行抓取定位，使机器人完成焊接工作，并对每一个焊点的焊接质量进行记录，供追溯使用，如图 2-2 所示。

图 2-1　大尺寸结构件焊接生产线

图 2-2　龙门式焊接工作站

（3）中厚板零部件焊接工作站

通过大臂展机器人实现 8 副夹具的内外翻转焊接，如图 2-3 所示，精确、高速地完成卡车零部件焊接，年产 45 万件产品，代替大量人工焊接。

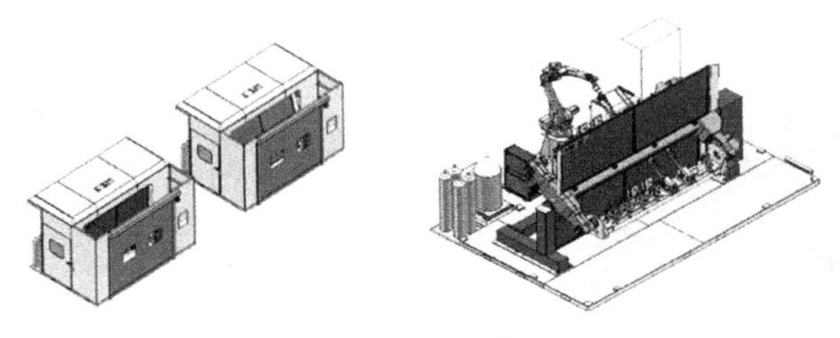

图 2-3　龙门式焊接工作站

2.2 在搬运领域的应用

机器人搬运是指应用机器人运动轨迹实现代替人工搬运物品，是近代自动控制领域出现的一项高新技术，涉及力学、机械、自动控制技术、传感器技术，已成为现代机械制造生产体系的重要组成部分。可以通过编程完成各种预期的任务，在自身结构和性能上有了人和机器的各自优势。下面是工业机器人在搬运领域的具体应用。

（1）食品包装机器人抓取工作站

通过分道、隔包、投垫、装箱、封箱等子系统，将单通道输入的利乐砖分道拢包进入 3×4 的输送匣，经机器人抓取放入牛奶包装箱，最终形成整条生产线，如图 2-4 所示。典型的搬运结构和典型产品如图 2-5 所示。

图 2-4　牛奶装箱生产线

图 2-5　典型机器人搬运结构及产品

（2）锻压物料机器人搬运工作站

在热成型行业，机器人通常被用在压机之间的物料传输中，如图 2-6 所示。由于物料处于被加热状态，在最后一台锻机锻压之前要保证在一定温度之上，所以必须严格控制压机之间的搬运时间。机器人根据压机传感器信号，能够准确恒速地搬运物料，以确保工艺的稳定性。

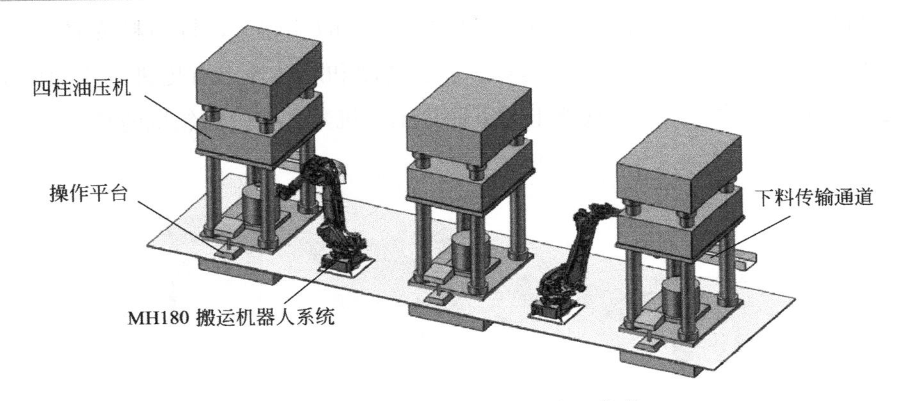

图 2-6　锻压物料搬运机器人工作站

（3）移动式机器人上下料系统

将上料输送辊道上人工装点后的工件抓取到焊接机器人工作站的夹具平台上，待工件自动焊接完成后，再将满焊的工件抓取放到下料输送辊道上，如图 2-7 所示。

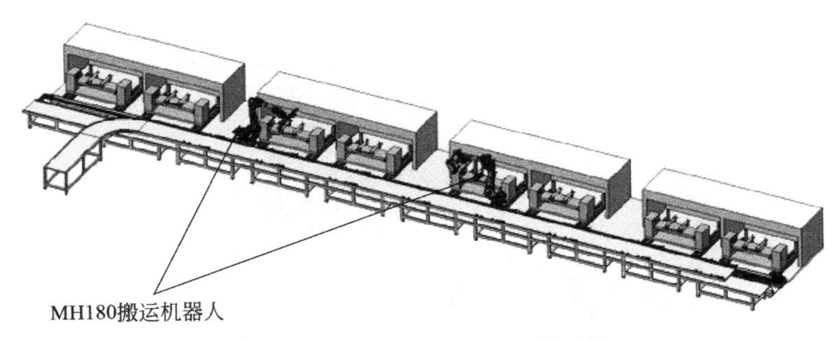

图 2-7　移动式机器人上下料系统

2.3 在码垛领域的应用

机器人在码垛领域的应用是指在机器人搬运的基础上，将物料按照一定顺序摆放整齐。与搬运工艺相比，码垛工艺在精度和顺序性上有更进一步的要求，图 2-8 所示是将物料码垛在栈板上。下面是工业机器人在码垛领域的具体应用。

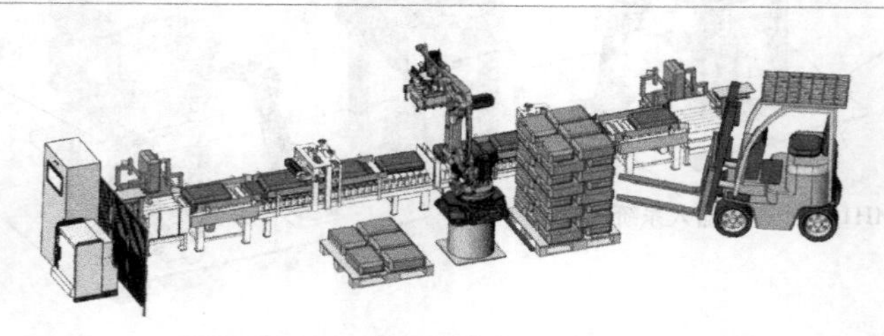

图 2-8　机器人双工位码垛系统

（1）双机器人协作叠装系统

在大型变压器铁芯叠装行业，人工叠装效率低，整齐度差，使用双机器人叠装可很好地解决这些问题，设置双机器人的共同码垛干涉区，确保机器人不会发生碰撞，如图 2-9 所示。

图 2-9　双机器人协作叠装系统

（2）连续物料机器人码垛工作站

在粮食包装行业，利用双机器人协作叠装系统将 25kg 或 50kg 的物料，利用特定的抓手，连续码垛在栈板上，每小时可码 800 包以上，如图 2-10 所示。

图 2-10　双机器人协作叠装系统

2.4 在装配领域的应用

机器人装配时因零件之间有一定的装配尺寸关系，所以相对于搬运和码垛有更高的精度要求。装配机器人已广泛应用于各种电器、小型电机、汽车及其部件、玩具、机电产品及其组件的装配等方面。下面是工业机器人在装配领域的具体应用。

（1）自动装配生产线

生产线的指令及协调由 PLC 控制，人工将上一道工序加工完成的工件放在上料定位输送设备的移动板上，定位输送设备将工件送至机器人夹取工位，送料定位机构完成工件定位，机器人衬套给料机构的末端抓取一个衬套放入衬套压装机，进行压装后机器人取出压装完成的工件，放置在出料平台上，如图 2-11 所示。

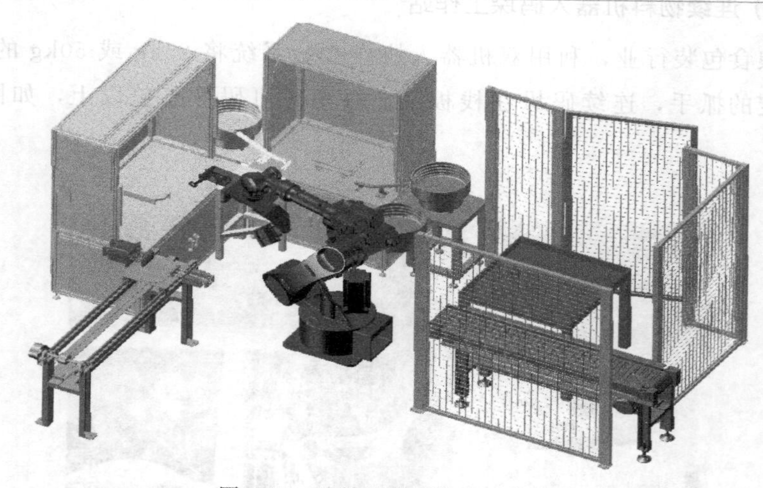

图 2-11　六轴机器人装配工作站

（2）快线式自动锁螺丝工作站

该工作站总共有四站：第一站是上料抓手，从皮带线上抓取笔记本送至锁螺丝工位 1；第二站将需要装配的零件放置到位；第三站是自动锁螺丝工位；第四站为下料抓手，将锁附好螺钉的笔记本从螺钉机上抓取放入流水线上，如图 2-12 所示。

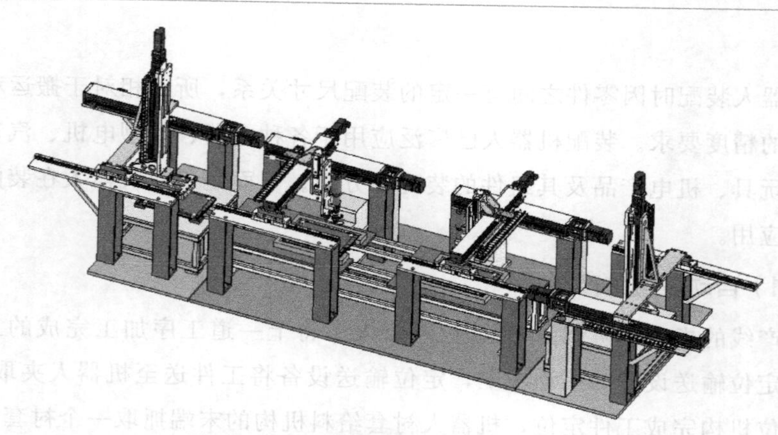

图 2-12　坐标机器人自动锁螺丝工作站

2.5 在折弯领域的应用

机器人折弯系统的折弯精度取决于折弯机自身的精度、机器人的定位精度、机器人与折弯机的协同控制，协同控制的难点在于机器人与折弯机的速度匹配以及机器人托扶工件的运行轨迹，较差的跟随效果将严重影响折弯角度成形效果和板面平整度，从而影响成品的品质。目前机器人折弯系统已广泛应用于电控柜及空调钣金行业。下面是工业机器人在装配领域的具体应用。

（1）机器人折弯工作站

用于自动钣金折弯，能够替代人工，减少劳动力。该工作站主要包括折弯机器人、重力对中台，机器人行走地轨、数控折弯机、上料台、折弯机器人抓手等，如图 2-13 所示。

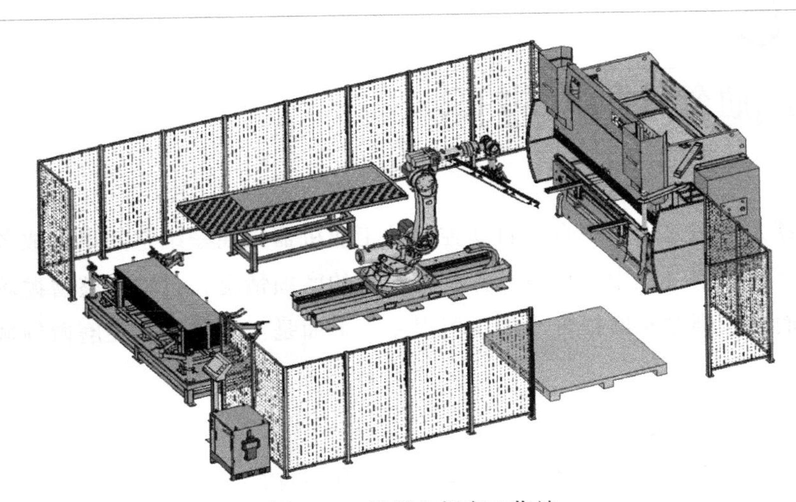

图 2-13　机器人折弯工作站

（2）机器人多工序折弯生产线

两台折弯机与两台六关节机器人、辅助定位机构、自动化系统等配合，完成空调背板及面板的自动进出料以及两道折弯工序之间的搬运工作，如图 2-14 所示。

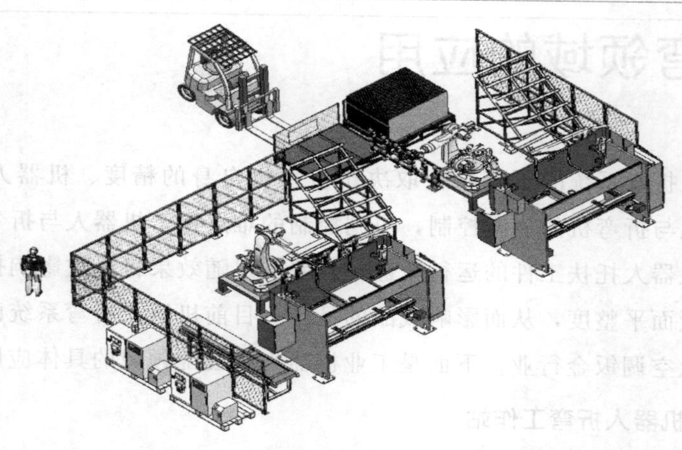

图 2-14　机器人多工序折弯生产线

2.6 在磨抛领域的应用

机器人磨抛是指用一台全自动控制的工业机器人在三维空间里完成各种磨抛作业。在磨削过程中，可自动探测抛光轮的磨损情况，自动调整磨抛轮的位置，从而补偿磨抛轮磨损带来的位置误差。下面是工业机器人在磨抛领域的具体应用。

（1）机器人抛光工作站

在制造业中，对原材料进行打磨和去毛刺一直是一道很重要且颇有难度的工序，该工作站采用机器人将金属工件抓取到固定安装的砂带机、砂轮机上，进行打磨和抛光处理。本工作站采用工业机器人对锌合金插头压铸件进行打磨，该工作站包括一台工业机器人、一台砂带机、一台上下料盘、一台端面打磨机和控制柜，并采用刚玉砂带对产品进行打磨，两工位上下料盘，如

图 2-15 所示。

（2）双机器人打磨工作站

本设备用于机匣打磨，由两台机器人分别打磨机匣的正面和反面，该工作站通过伺服直线模组加变位转台实现机匣的上下料和回转，并配有力士乐打磨主轴，如图 2-16 所示。

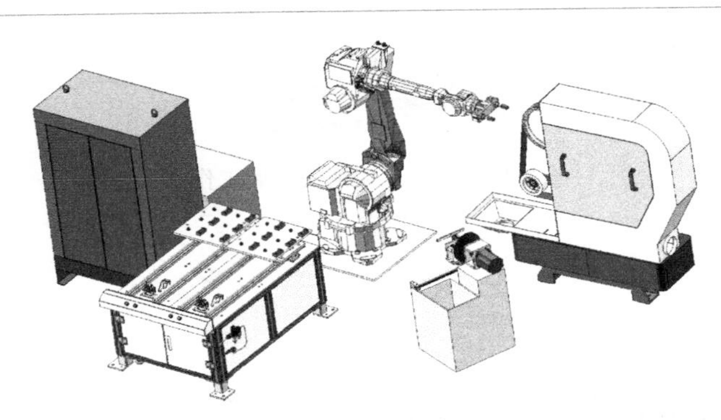

图 2-15　机器人抛光工作站

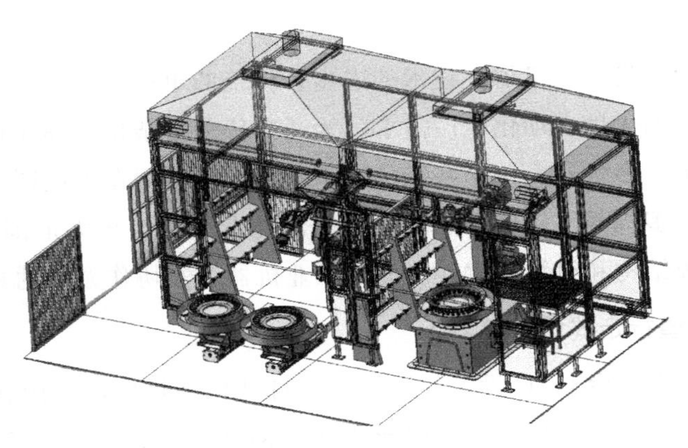

图 2-16　双机器人打磨工作站

（3）机器人切削去毛刺工作站

去毛刺、去除浇铸件较大飞边一直是磨抛行业里较为特殊的工作。当飞边较大，砂轮及砂带都不易清除时，可采用机器人切削去毛刺工作站。该工作站在机器人末端配备大小铣刀，完成对铸造飞边的切除工作，如图 2-17 所示。

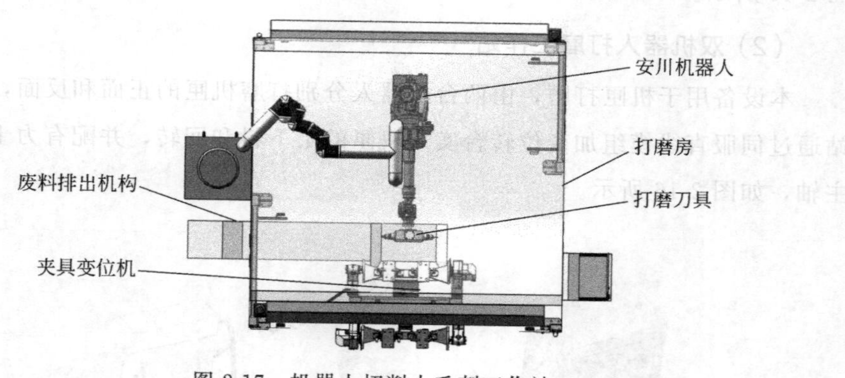

图 2-17　机器人切削去毛刺工作站

2.7 在协作领域的应用

随着工业的发展和机器人技术的进步，传统的单机器人系统已不足以满足当今日益多样的柔性自动化生产需求。为适应任务复杂化、操作智能化及系统柔性化等要求，多机器人协作系统已逐步被推广和应用在工业环境中。与单个机器人相比，多机器人协作系统具有更强的作业能力、更大范围的工作空间、更灵活的系统结构和组织方式。下面是工业机器人在协作领域的具体应用。

（1）轨道行走式协作机器人

在一个拥有多台 CNC 设备的黑灯工厂自动化项目中，采用轨道行走式协作机器人完成自动上下料。有轨制导小车（RGV）上装载了一套工作半径为 1700mm 的 6 轴机器及其控制箱，它们之间相互配合，协作完成给 CNC 自动上料和下料作业，如图 2-18 所示。

（2）协作配合 AGV 自动搬运单元

协作配合 AGV 自动搬运单元是 UR 协作机器人配合全向轮小车完成物料的搬运工作，多用于小零件的机床上下料工作，如图 2-19 所示。

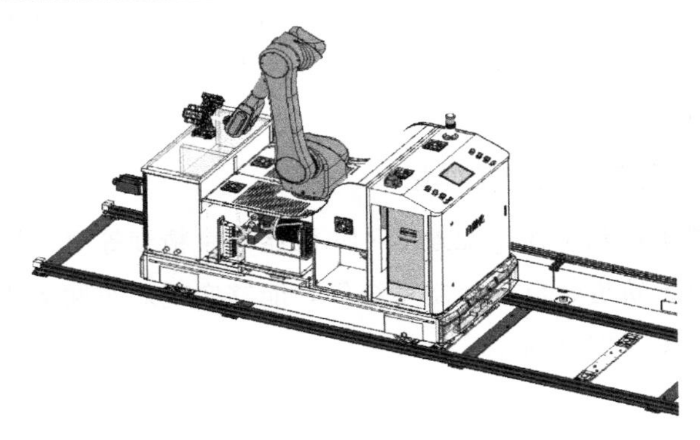

图 2-18　机器人 RGV 组合搬运线

（3）双机器人配合装配工作站

有两台 UR 协作机器人从转盘上或输送线上抓取零件，完成无线鼠标的电池、蓝牙、后盖等零件的装配，结构如图 2-20 所示。

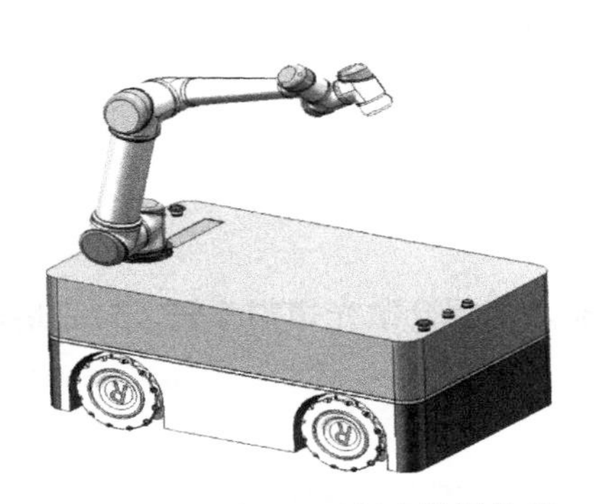

图 2-19　机器人 AGV 组合搬运单元

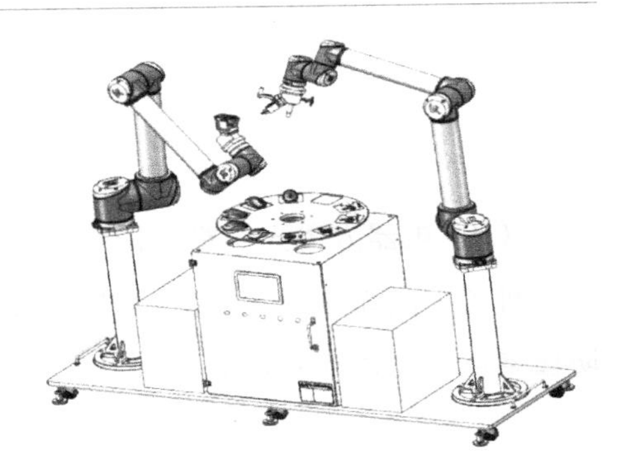

图 2-20　双机器人配合装配工作站

2.8 在切割下料领域的应用

机器人切割设备可以用于各种工件的空间切割。依托多轴关节机器人手臂，设备可以满足对各种不规则空间形状材料的切割要求，完成从原料加工开始到精加工的所有切割，主要使用等离子切割和激光切割。下面是工业机器人在切割下料领域的具体应用。

（1）机器人等离子切割工作站

机器人等离子切割工作站配置 KR16 机器人、精细等离子切割电源、切割平台、机器人行走轨道、电气控制系统等，能够实现对车厢瓦楞板高效、可靠地自动切割，如图 2-21 所示。

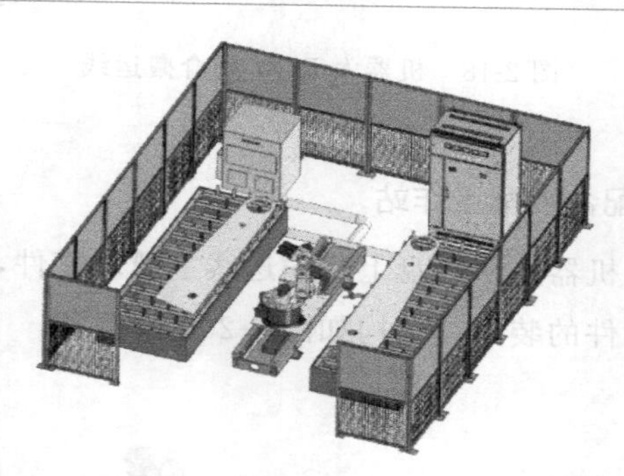

图 2-21 机器人等离子切割工作站

（2）机器人激光切割工作站

机器人激光切割工作站采用小五轴机器人，配合激光切割系统，对桑塔纳防撞梁进行高速激光切割，如图 2-22 所示。

图 2-22 机器人激光切割工作站

(3) 机器人等离子型材切割生产线

该生产线用安川 MH12 配合海宝 125 等离子切割电源，对多规格型材切隼口，广泛用于型材之间拼焊隼口的切割，如图 2-23 所示。

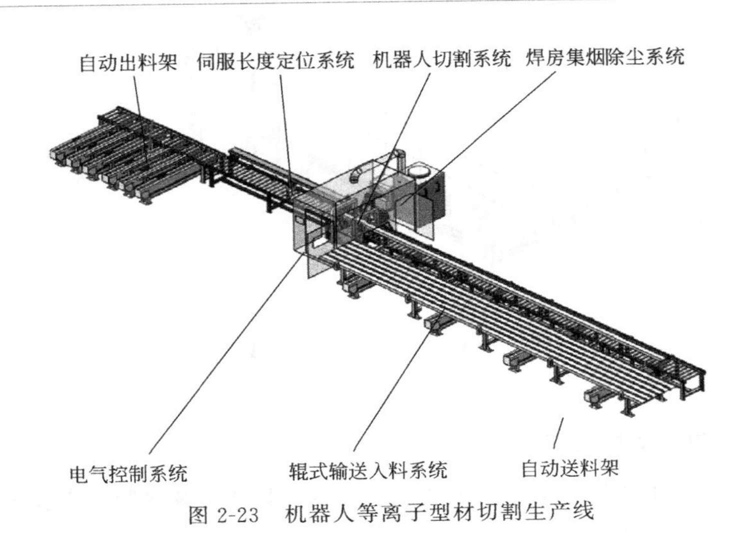

图 2-23 机器人等离子型材切割生产线

2.9 在喷涂点胶领域的应用

传统的喷涂多为手工喷涂，非常费时费力，产品合格率也不高，还会对工人的健康造成一定的危害，也有悖于企业绿色环保的发展原则。当前越来越多的企业开始使用高科技自动化涂装生产设备，采用机器人表面处理和流体控制整体智能解决方案，解放了涂装工人的双手。涂装设备一般包含涂装机器人、油漆输送泵、油漆管路、计量控制器、气动喷枪、混气喷枪、静电喷枪等。下面是工业机器人在喷涂点胶领域的具体应用。

(1) 机器人喷涂生产线

机器人喷涂生产线包含型号为 IRB5400 的 ABB 喷涂机器人、固瑞克喷枪、柱塞泵、气动升降搅拌桶、悬挂输送链、喷漆间等，如图 2-24 所示。

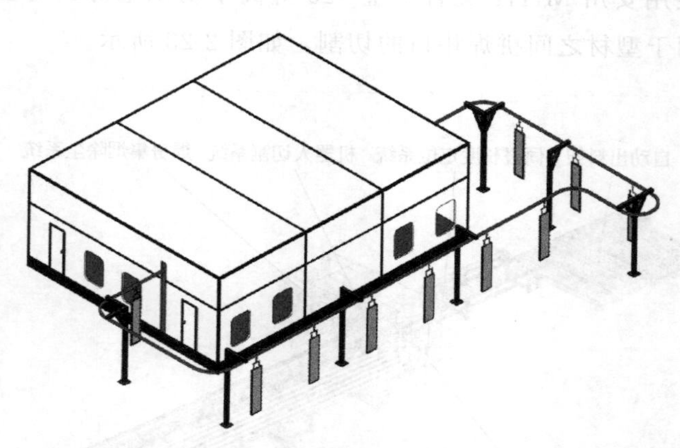

图 2-24 机器人喷涂生产线

（2）机器人涂胶工作站

机器人涂胶工作站包括工业机器人、涂胶夹具体以及涂胶、点胶设备等三大主体，如图 2-25 所示。

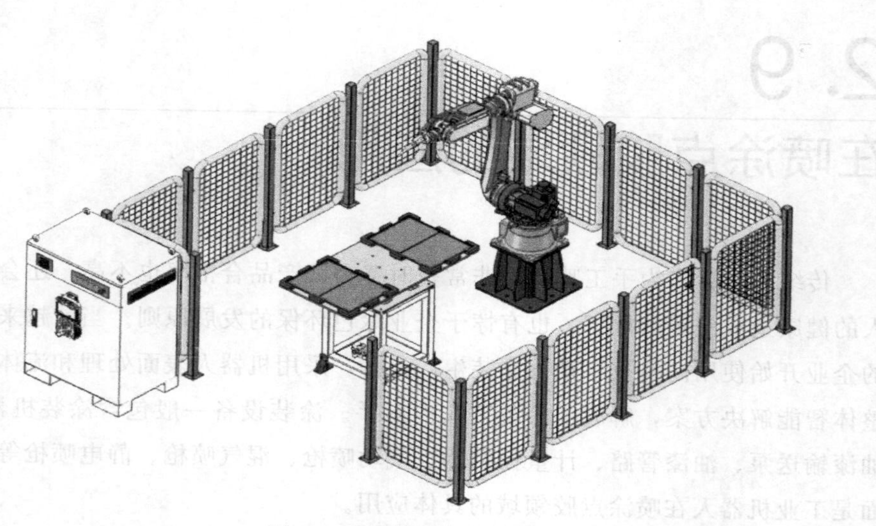

图 2-25 机器人涂胶工作站

2.10 在点焊领域的应用

点焊机器人有三大组成部分，即机器人本体、点焊焊接系统及控制系统，广泛应用于汽车整车、汽车零部件及工程机械等生产领域。下面是工业机器人在点焊领域的具体应用。

（1）机器人点焊工作站

机器人点焊工作站主要由一台点焊机器人、一台伺服点焊钳、一套点焊控制器、两套焊接夹具、一台自动修磨器及一套电气控制系统等组成，如图 2-26 所示。工作站设置两个操作工位，每个操作工位固定一套焊接夹具，交替装卸工件，机器人自动完成焊接。每个装卸工位都有对射光栅用以保证操作人员的安全。

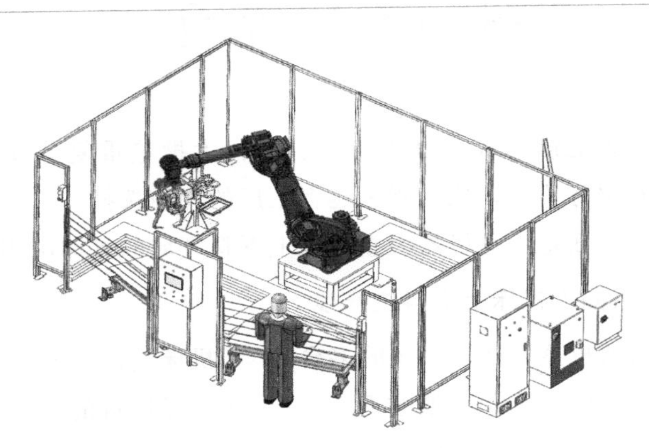

图 2-26　机器人点焊工作站

（2）多机协作车架总成点焊工作站

多机协作车架总成点焊工作站系统是针对车架总成产品的机器人点焊工艺设计开发的，具有配置高、精度高、柔性高、稳定性好、适应性强、安全性高、可拓展性大等特点，能够满足产品生产过程中的严格需求。主要对车架总成进行自动点焊——将前道工序手工点焊完成车架前段焊接总成和车架后段焊接总成通过 4 台点焊机器人自动完成总成点焊，如图 2-27 所示。

图 2-27　多机协作车架总成点焊工作站

2.11 在机床上下料领域的应用

上下料机器人能满足加快加工节拍、进行大批量重复劳动、节省人力成本、提高生产效率等要求，成为越来越多工厂的理想选择，主要分为桁架式和关节式机器人。下面是工业机器人在机床上下料领域的具体应用。

（1）桁架机器人机床上下料生产线

采用两轴桁架机器人在多工序的多台 CNC 机床之间完成上下料工作，减少了人工对物料的搬运干预，通过双 Z 轴上下实现物料的快速搬运，减少机床的等待时间，如图 2-28 所示。

图 2-28　桁架机器人机床上下料生产线

（2）车铣复合搬运生产线

桁架搬运常见于液压电磁阀类项目中，一般是先在车床车六个面，后由加工中心铣孔精加工，通常由 3 台协作机器人及轨道在 4 台数控车床之间完成三道工序的上下料，再放置于托盘上，由输送线运送至加工中心上料处，由桁架机械手完成加工中心的上下料，如图 2-29 所示。

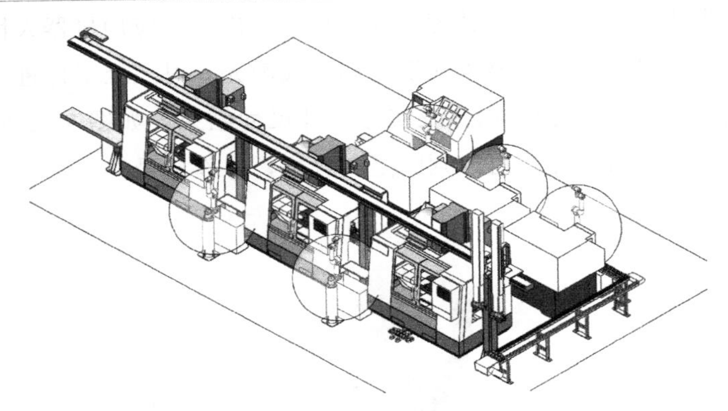

图 2-29　车铣复合搬运生产线

（3）关节机器人机床上下料生产线

该生产线用于汽车发动机凸轮轴加工时的上下料，由 3 台 MH12 机器人握手交接工件，完成在数控车床和磨床之间的上下料工作，如图 2-30 所示。

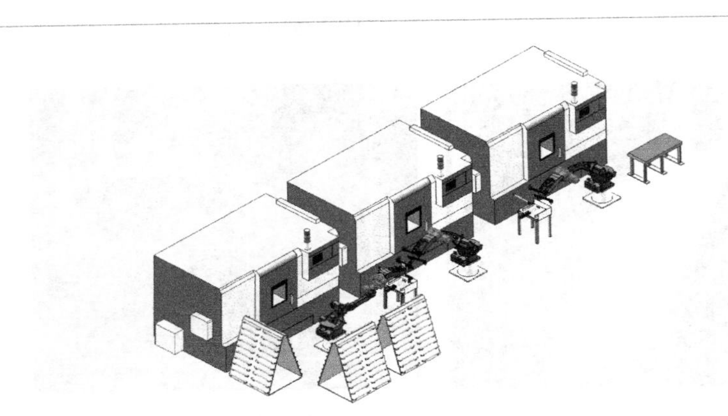

图 2-30　关节机器人机床上下料生产线

2.12 在零件检测领域的应用

随着机器人空间轨迹绝对精度的逐步提高，出现了应用机器人快速检测三维零件尺寸的领域。通过机器人抓取基恩士线激光，对三维工件进行扫描，如图 2-31 所示，实时得出扫描图像及实际工件尺寸结果，如图 2-32 所示，和三维模型尺寸实时进行对比，可以判断是否合格，并作记录。

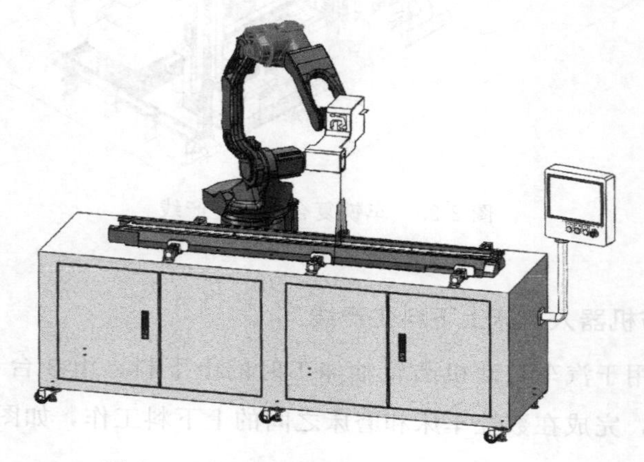

图 2-31　机器人线激光扫描检测工作站

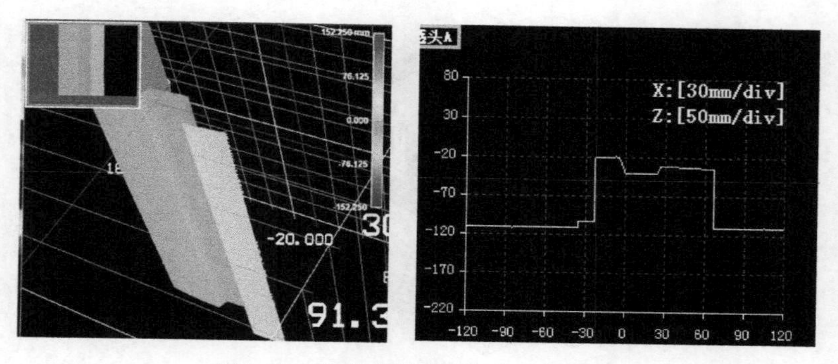

图 2-32　机器人线激光扫描检测结果

2.13
在 3C 产业的应用

相较于传统工业机器人，3C 产业机器人趋向小型化、轻量化、高速化及灵巧化，对柔性化制造、人机协作的要求较高。为此，ABB、库卡、川崎、柯马、华中数控、广州数控等国内外知名机器人厂商都针对 3C 制造业推出了不同结构的工业机器人。下面是工业机器人在 3C 产业的具体应用。

（1） SCARA 机器人物料分选工作站

该工作站通过前端的图像系统识别位置，由后道的多台史陶比尔的 SCARA 机器人高速搬运，按照要求摆放整齐，完成快速分拣工作，如图 2-33 所示。

图 2-33　SCARA 机器人物料分选工作站

（2）并联 Delta 机器人物料分选工作站

该工作站通过前端的视觉对物料进行识别，完成从输送线过来的物料挑选工作，如图 2-34 所示。

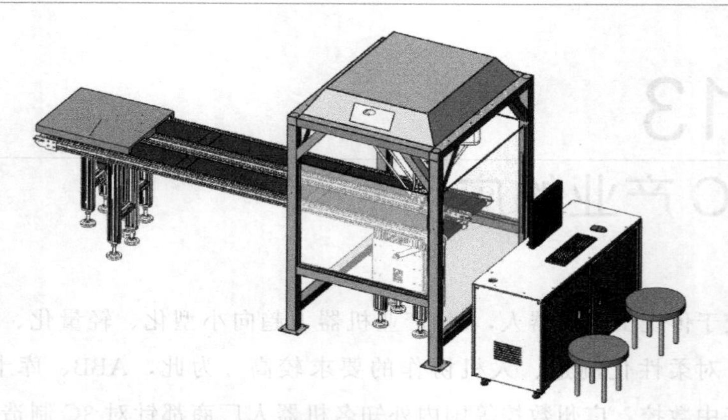

图 2-34　并联 Delta 机器人物料分选工作站

2.14 在传统行业新的应用

传统行业通常用传统的工艺和装备，但是在机器人技术兴起后，很多传统行业也开始使用机器人。随着机器人技术的不断发展，甚至在一些传统重工行业也逐步采用机器人，用以实现产品质量稳定、生产高效的目标。下面是工业机器人在传统行业新的具体应用。

（1）特种钢焊接搬运一体化工作站

传统不锈钢、铝合金的焊接，对于机器人来说还是有一定挑战的，特种钢焊接搬运一体化工作站集成机器人搬运、自动上料、自动氩弧焊、机器人末端工具的自动快换、信息集中显示、自动出料等功能于一体，实现了生产过程无人化，大大提高了效率，降低了劳动强度，该工作站示意图如图 2-35 所示。

（2）机器人螺柱焊工作站

锅炉行业的膜式壁销钉螺柱焊一直都是人工焊接，劳动强度大且效率低。机器人螺柱焊工作站采用振动盘配自动送钉枪的方式，送钉进行螺柱拉弧焊接。针对工件大、形状不规则的特点，采用吊装在龙门上的机器人抓取送钉枪，实现灵活的可达性，如图 2-36 所示。

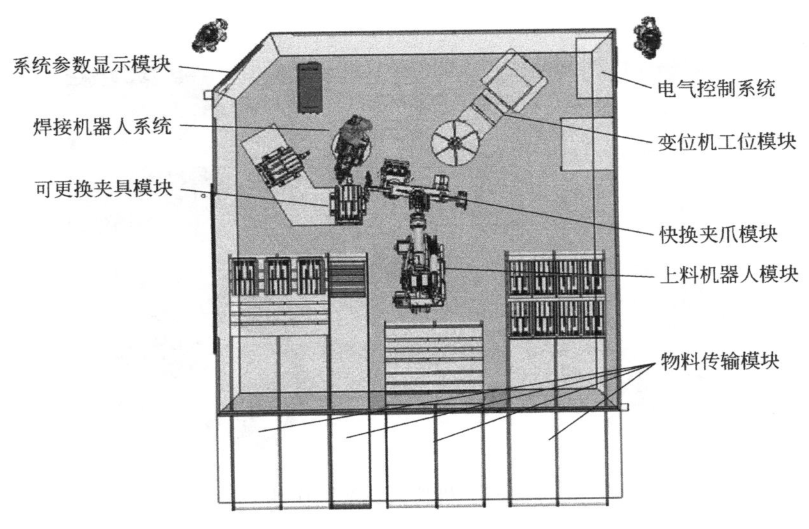

图 2-35　特种钢焊接搬运一体化工作站

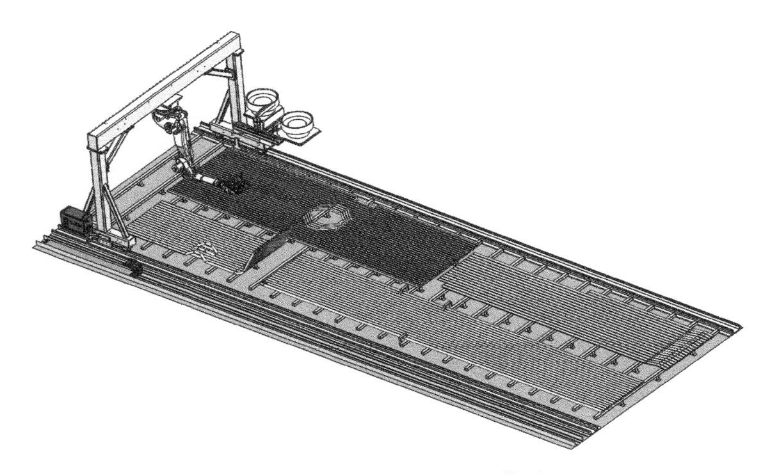

图 2-36　机器人螺柱焊工作站

（3）机器人缝纫工作站

缝纫行业一直是劳动时间长、技术要求高的行业，机器人缝纫工作站采用 RS530 双针缝纫头挂于机器人末端的方式，如图 2-37 所示，通过协调机器人和缝纫头的动作，实现在三维空间内的缝制工作，技术成熟后可用于汽车座椅的缝制。

图 2-37　机器人缝纫工作站

第3章 机器人作业系统中常用子系统介绍

通过前面两章内容可知，常规的工业机器人作业系统无外乎是在专用的机械手末端配以专用的执行机构，配合周边的辅助设备及工装夹具，按照设定好的程序，完成特定动作的一套完整系统。这些专用执行机构、辅助设备、工装夹具都是传统装备领域中已经较成熟的系统，只是在机器人产业得到快速发展后，被广泛地和机器人结合，根据机器人的特性对原有工艺做出了一定的修改、调整和固化。本章对这些常见的系统进行简要的介绍，以便大家建立初步的感性认识。

3.1 常用移动系统

（1）地面正装轨道系统

最常用的移动系统是机器人地面正装轨道系统，主要用来延长机器人在 X 方向上的臂展，或用来在几个变位机或工位之间来回切换，通常为线轨加齿条结构，正常移动速度为 0.5m/s，最大可达 1m/s，重复定位精度可控制在 ±0.1mm 之内，常规结构如图 3-1 及图 3-2 所示。

图 3-1　单轴地轨机器人移动轴　　图 3-2　单轴地轨机器人移动轴及两侧配变位机

（2）空中单轨侧挂、C 形架底挂系统

空中单轨侧挂、C 形架底挂系统主要解决应用地面轨道存在 Y 方向可达性的问题，但是也只能是在一定程度上增大可达范围；如果在 Y 方向上的范围过大，需要增加机器人臂展或 Y 方向的移动轴。

空中单轨侧挂、C 形架底挂系统通常为线轨加齿条结构，正常移动速度为 0.5m/s，最大可达 1m/s，重复定位精度可控制在±0.1mm 之内，常规结构如图 3-3 及图 3-4 所示。

图 3-3　空中单轨侧挂机器人移动轴

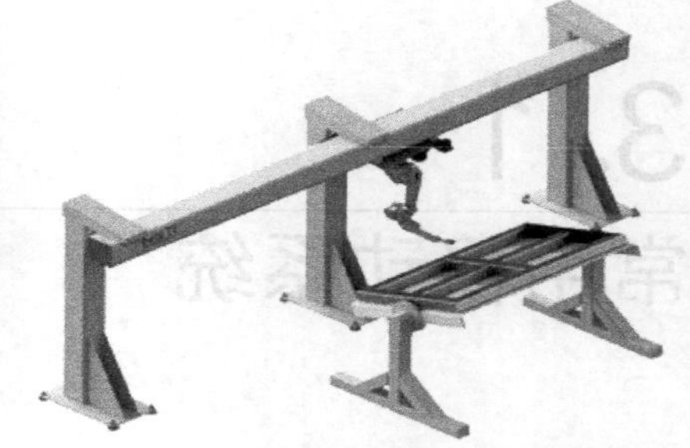

图 3-4　C 形架底挂机器人移动轴及变位机

（3）地轨移动式两轴龙门系统

地轨移动式两轴龙门系统主要针对在 X、Y 两轴范围内移动需求较大，但是在 Z 方向要求不高，机器人臂展就完全能满足要求的应用场景。X 轴通常为轻轨加齿条结构，正常移动速度为 0.1m/s，最大可达 0.2m/s，重复定位精度可控制在±0.2mm之内；Y轴通常为线轨加齿条结构，正常移动速度为0.5m/s，最大可达1m/s，重复定位精度可控制在±0.1mm之内。地轨移动式两轴龙门结构如图3-5所示。

（4）固定式两轴龙门系统

固定式两轴龙门系统主要针对在Y、Z两轴范围内移动需求较大，但是在X方向要求不高，或X方向是流水输送线，亦或是有额外X轴的情况。通常为线轨加齿条结构，Y轴正常移动速度为0.5m/s，最大可达1m/s，重复定位精度可控制在±0.1mm之内；Z轴通常为导轨加齿条结构，正常移动速度为0.3m/s，最大可达0.6m/s，因为有重力对齿侧的消隙作用，重复定位精度比较高，可控制在±0.02mm之内。固定式两轴龙门结构如图3-6所示。

图3-5　地轨移动式两轴龙门

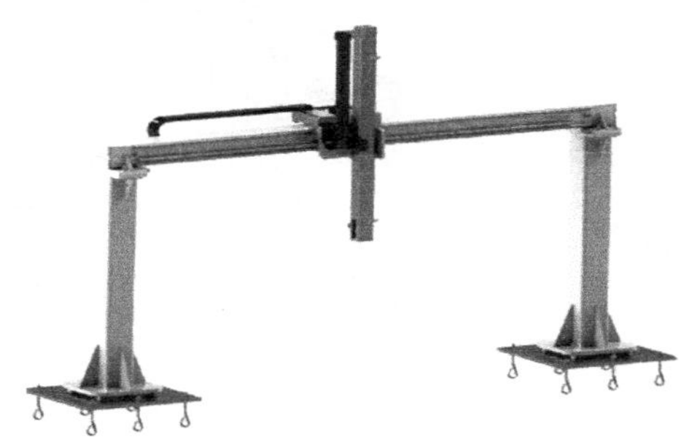

图3-6　固定式两轴龙门

（5）固定式三轴龙门系统

固定式三轴龙门系统主要针对在X、Y、Z三轴范围内可达性需求都比较大的应用场景，打破了之前介绍的机器人移动结构的限制，在一定范围的空间里，所有空间点均可达。通常为线轨加齿条结构，X、Y轴正常移动速度为0.5m/s，最大可达1m/s，重复定位精度可控制在±0.1mm之内；Z轴通常为导轨加齿条结构，正常移动速度为0.3m/s，最大可达0.6m/s，因为有重力对齿侧的消隙作用，重复定位精度比较高，可控制在±0.02mm之内。固定式三轴龙门基本结构如图3-7所示。

（6）地轨移动式三轴龙门系统

地轨移动式三轴龙门系统主要针对在X、Y、Z三轴范围内可达性需求都比较大的应用场景。相比于固定式的三轴龙门，地轨移动式三轴龙门系统主要针对大结构件，没有额外第四轴，可将 X 轴方向上的龙门移开，方便桁车起吊的应用场合。X 轴通常为轻轨加齿条结构，正常移动速度为 0.1m/s，最大可达 0.2m/s，重复定位精度可控制在±0.2mm 之内；Y 轴通常为线轨加齿条结构，正常移动速度为 0.5m/s，最大可达 1m/s，重复定位精度可控制在±0.1mm 之内；Z 轴通常为导轨加齿条结构，正常移动速度为 0.3m/s，最大可达 0.6m/s，因为有重力对齿侧的消隙作用，重复定位精度比较高，可控制在±0.02mm 之内。地轨移动式三轴龙门结构如图 3-8 所示。

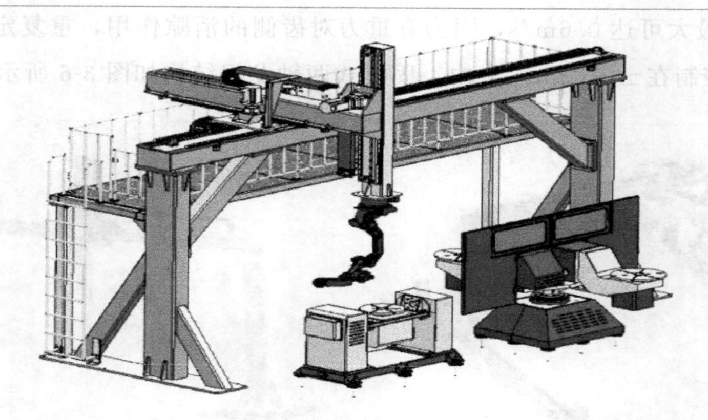

图 3-7　固定式三轴龙门

图 3-8　地轨移动式三轴龙门

（7）天轨式龙门

天轨移动式三轴龙门主要针对在 X、Y、Z 三轴范围内可达性需求都比较大的应用场景。相比于地轨式三轴龙门，主要用于在 X 方向上要求速度比较快，精度要求也比较高的情况。通过将地面移动式轻轨轨道上移至工件顶端以上，并采用线轨结构，提高刚度和精度，以满足提速的要求。X 轴通常为线轨加齿条结构，X 轴正常移动速度为 0.5m/s，最大可达 1m/s，因为有精度要求，通常会在 X 方向上进行消隙处理，消隙处理以后，重复定位精度可控制在±0.1mm 之内，当 X 方向长度过长时，通常会考虑因温度场变化引起的伸长量对精度的影响；Y 轴通常为线轨加齿条结构，正常移动速度为 0.5m/s，最大可达 1m/s，重复定位精度可控制在±0.1mm 之内；Z 轴通常为导轨加齿条结构，正常移动速度为 0.3m/s，最大可达 0.6m/s，因为有重力对齿侧的消隙作用，重复定位精度比较高，可控制在±0.02mm 之内。相对于地轨龙门，天轨龙门的造价更高，施工难度更大。天轨移动式三轴龙门结构如图 3-9 所示。

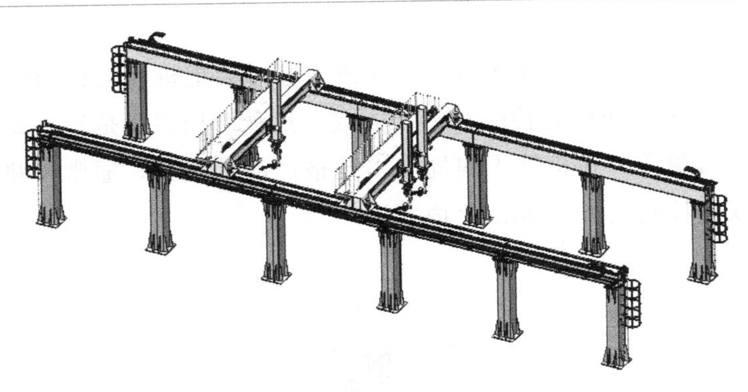

图 3-9　天轨移动式三轴龙门

（8）其他不常用机器人移动结构

① 针对不同的应用场景，有时会把机器人移动的方式设计成如图 3-10 所示的两轴移动方式。这种结构主要是针对在高度方向上有较高要求，对 X、Y 范围内的移动要求不高，特别是 Y 方向上的变化必须在机器人臂展范围内的情景。X 轴通常为线轨加齿条结构，正常移动速度为 0.5m/s，最大可达 1m/s，重复定位精度可控制在±0.1mm 之内；Z 轴通常为导轨加齿条结构，正常移动速度为 0.3m/s，最大可达 0.6m/s，因为有重力对齿侧的消隙作用，

重复定位精度比较高，可控制在±0.02mm之内。特定场景下的机器人两轴移动结构如图3-10所示。

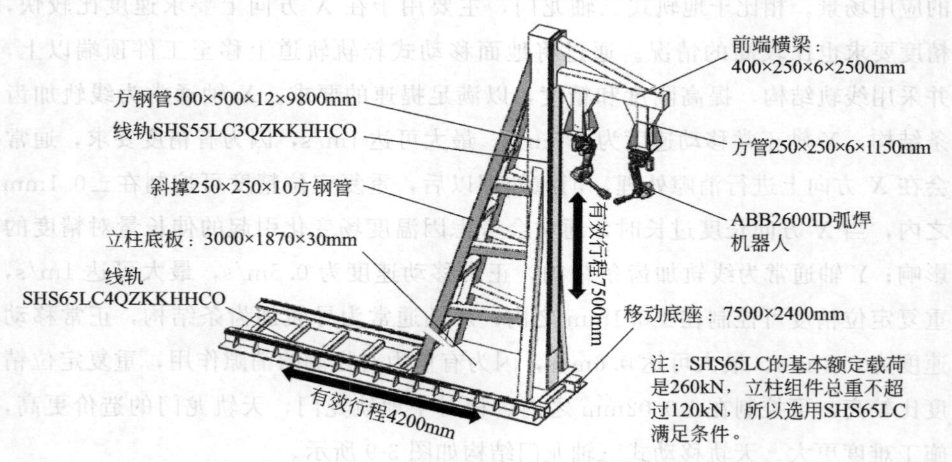

图3-10　特定场景下的机器人两轴移动结构

② 针对高度范围变化不大的应用场景，有时会把机器人移动的方式设计成如图3-11所示的单轴旋转的C形架方式。这种结构主要是针对高度方向上机器人臂展可覆盖，在机器人四周有多规格产品的情景，通常可将1000mm半径上的误差控制在±0.3mm之内。

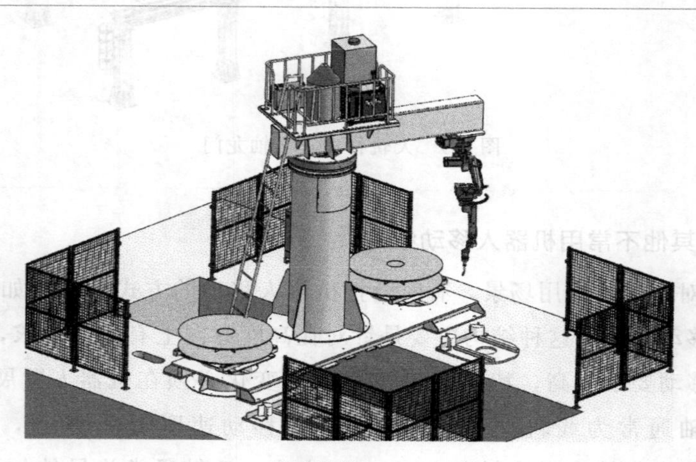

图3-11　单轴旋转机器人吊装形式

总体来说，机器人移动的方式是多种多样、灵活多变的，需要工程师结合项目的特点具体构思，提出综合的解决方案[4]。

3.2 常用变位系统

在弧焊工作站中，为了使焊缝处于更好的焊接工艺位置，经常会采用机构，使被焊接零部件的焊缝尽量处于船形焊缝位置，或考虑节省装夹时间、生产线排布、物流运输等因素，弧焊工作位置和装夹位置可能会设置成多个，进行交替焊接和上下料，以达到节省时间、加快节拍的目的。这些专用机构统称为变位机。当然变位机不局限于应用在弧焊工作站，也多见于点焊、切割、点胶等工作站中。

3.2.1 单轴变位机

(1) 单 X 轴旋转变位机

单 *X* 轴旋转变位机结构如图 3-12 所示，主要用于回转体或细长类零件在圆周方向上的变位，目的是适应工艺要求。通常采用伺服配合 RV 减速器实现传动，常规产品精度可以做到 $R(500\pm0.2)$mm，负载可以做到 1500kg 以下。

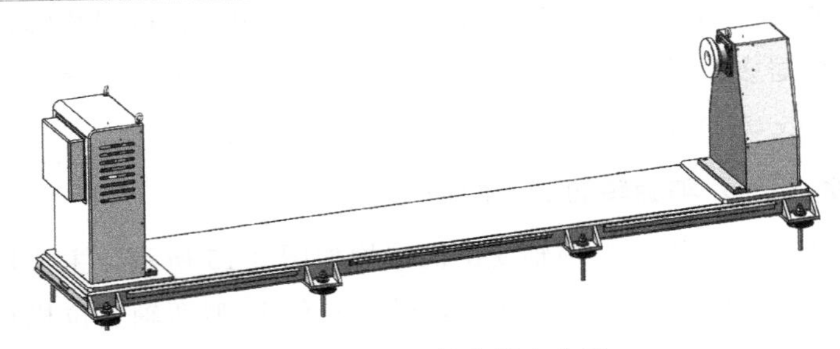

图 3-12　单 *X* 轴旋转变位机

（2）单 Z 轴旋转变位机

单 Z 轴旋转变位机结构如图 3-13 所示，主要用于内外旋转，解决上下料节拍问题，内外两工位中间用挡弧光幕帘遮挡。通常采用伺服配合 RV 减速器实现传动，常规产品精度可以做到 $R(500\pm0.2)$mm，负载可以做到 1000kg 以下。

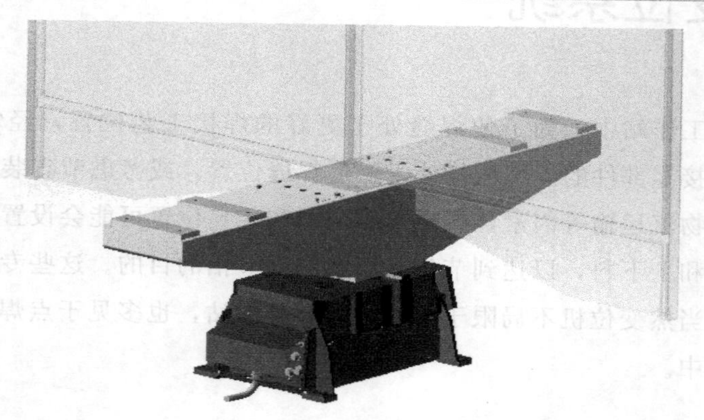

图 3-13　单 Z 轴旋转变位机

3.2.2 两轴变位机

（1）绕 X、Z 轴旋转的 U 型两轴变位机

绕 X、Z 轴旋转的 U 型两轴变位机结构如图 3-14 所示，主要用于在两个方向上都需要变位的工件。和单 X 轴旋转变位机相比，被焊接零件一般比较短，矩形结构居多。通常采用伺服配合 RV 减速器实现传动，常规产品精度可以做到 $R(500\pm0.2)$mm，负载可以做到 1500kg 以下。

（2）绕 X、Z 轴旋转的 L 型两轴变位机

绕 X、Z 轴旋转的 L 型两轴变位机结构如图 3-15 所示，主要用于在两个方向上都需要变位的工件。和绕 X、Z 轴旋转的 U 型两轴变位机相比，具有更好的空间开放性，机器人的可达性更好，但负载能力不及绕 X、Z 轴旋转的 U 型两轴变位机。通常采用伺服配合 RV 减速器实现传动，常规产品精度

可以做到 R(500±0.2)mm，负载可以做到 1000kg 以下。

图 3-14　绕 X、Z 轴旋转的 U 型两轴变位机

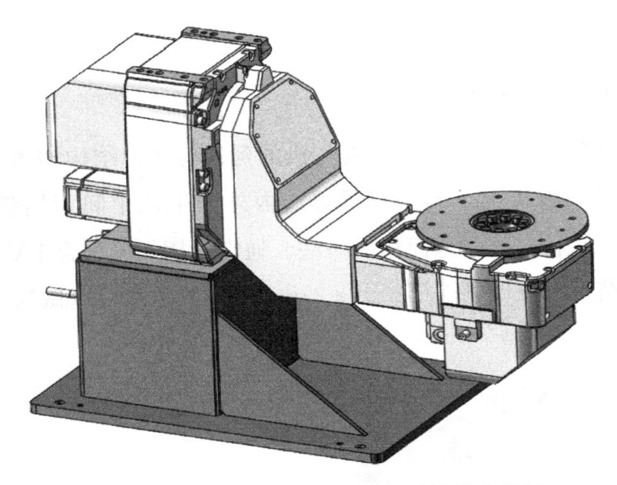

图 3-15　绕 X、Z 轴旋转的 L 型两轴变位机

(3) 尾座可移动式单 X 轴旋转变位机

尾座可移动式单 X 轴旋转变位机结构如图 3-16 所示，主要满足 X 轴方向上的不同长度工件的适应性，或用于更方便地上下料。通常采用伺服配合 RV 减速器实现传动，常规产品精度可以做到 R(500±0.2)mm，尾座移动精度可以做到±0.1mm 以下。

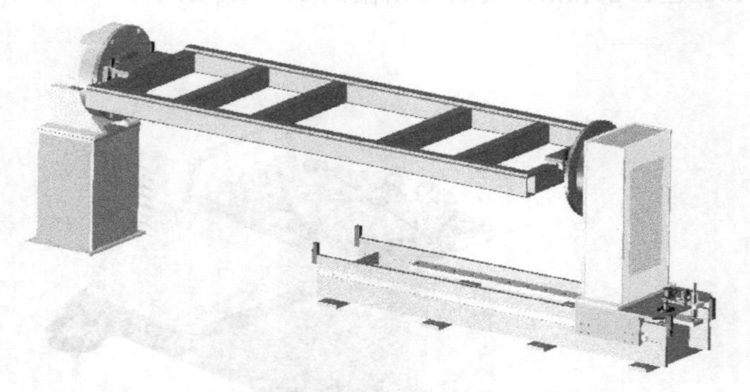

图 3-16 尾座可移动式单 X 轴旋转变位机

3.2.3 三轴变位机

（1）垂直三轴变位机

垂直三轴变位机是单 X 轴旋转变位机的延伸应用，结构如图 3-17 所示，主要用于内外旋转，解决上下料节拍问题。内外两工位中间用挡弧光幕帘遮挡，但是由于要水平旋转，故占地面积大一些。通常采用伺服配合 RV 减速器实现传动，常规产品精度可以做到 $R(500\pm0.2)$mm，单侧负载可以做到 1000kg 以下。

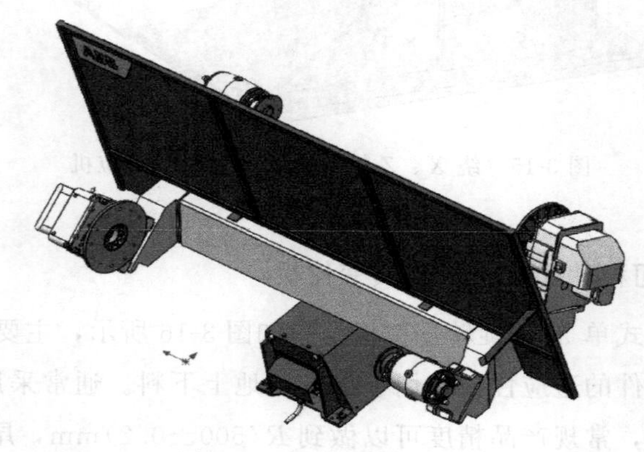

图 3-17 垂直三轴变位机

(2) 平行三轴变位机

平行三轴变位机是单 X 轴旋转变位机的延伸应用，结构如图 3-18 所示，主要用于内外旋转，解决上下料节拍问题，内外两工位中间用挡弧光幕帘遮挡，但是由于需要垂直旋转，需要的空间高度要大一些，但是占地面积和垂直三轴变位机相比要小一些。通常为了使操作侧达到符合人机工程学的操作高度，机器人侧需要架高，会带来一些示教方面需要登高的困扰。和垂直三轴变位机相比，平行三轴变位机更适合细长类零件的内外变位。通常采用伺服配合 RV 减速器实现传动，常规产品精度可以做到 $R(500\pm0.2)$mm，单侧负载可以做到 1000kg 以下。

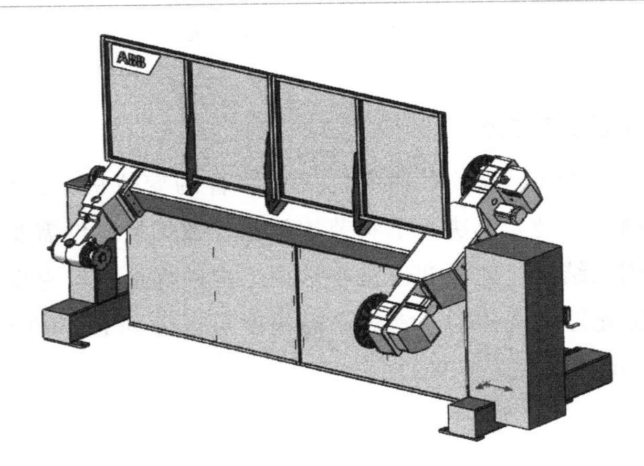

图 3-18　平行三轴变位机

3.2.4 五轴变位机

(1) L 型五轴变位机

此类变位机是 L 型两轴变位机的延伸应用，结构如图 3-19 所示，主要用于内外旋转，解决上下料节拍问题。被焊接的零件需要两个方向的变位，零件多为矩形结构，通常采用伺服配合 RV 减速器实现传动，常规产品精度可以做到 $R(500\pm0.2)$mm，负载可以做到 1000kg 以下。

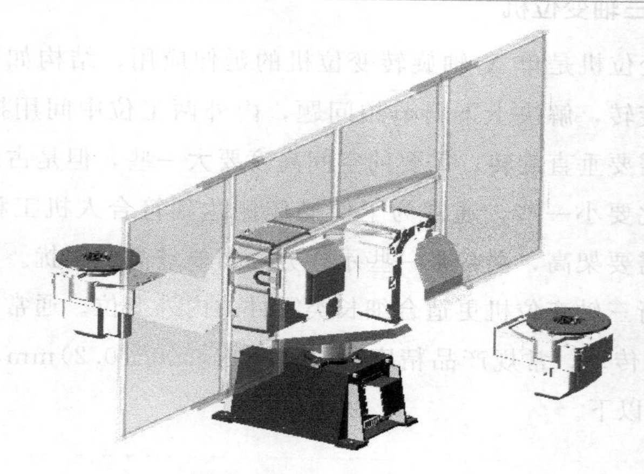

图 3-19　L 型五轴变位机

（2） X 型五轴变位机

此类五轴变位机是与单 X 轴变位机相综合的变位机，结构如图 3-20 所示，主要用于内外旋转，解决上下料节拍问题，被焊接零件需要两个方向的变位，零件多为细长结构。此类变位机在常规结构件焊接时较为少用，通常采用伺服配合 RV 减速器实现传动，常规产品精度可以做到 $R(500\pm0.2)$mm，负载可以做到 1000kg 以下。

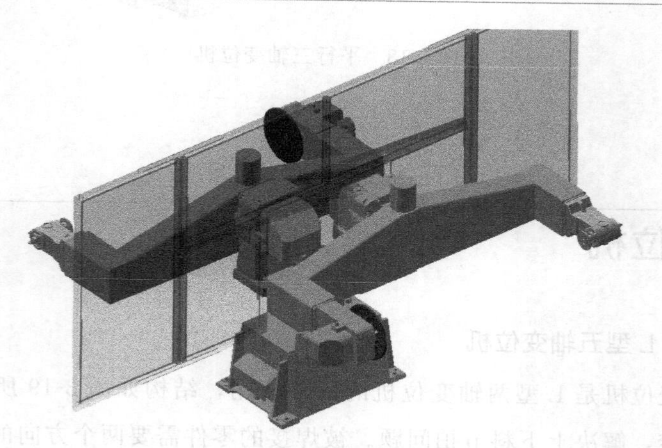

图 3-20　X 型五轴变位机

由上述内容可看到，变位机的种类、形式有很多，实际应用时需要工程师根据实际需要进行组合设计，负载方面一般分为250kg、500kg、1000kg三个规格。在特殊需要时，可以进行单独设计，但必须考虑一定的余量和上料时的冲击载荷对结构负载的影响。

3.3 常用弧焊系统

通常弧焊系统包含焊接电源、送丝机、焊枪三大主要组成部分，如图3-21所示。配合机器人使用的弧焊系统还包括防碰撞传感器、专用送丝电缆等；配合机器人使用的焊接电源的控制面板通常会集成到机器人示教器中，以方便实现自动控制电流电压等参数；对于水冷焊枪还会配置水箱；对特殊工艺的弧焊还会有一些特殊的装置，如图3-21所示的焊丝缓冲器、焊枪的推拉丝机构。除了上述介绍之外，弧焊系统通常还包含TCP校准点和清枪站[5]。

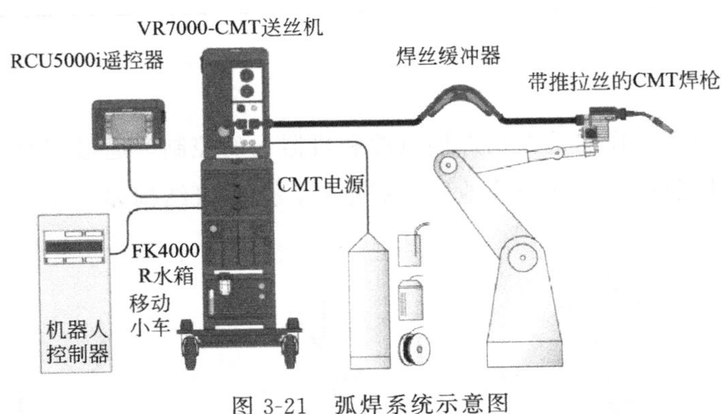

图3-21 弧焊系统示意图

3.3.1 弧焊系统电源

焊接电源主要起交流变直流、降低电压的作用。现在国内外焊接电源的品牌有很多，一般送丝机和焊接电源为同一厂家产品。有些品牌还会有自己的焊枪，其中不乏一些比较出色、有很高市场占有率并形成一定知名度的品牌。市场上的电源规格多为 300、350、500 系列，如图 3-22 所示。机器人项目通常使用 350 和 500 系列的电源，不同品牌、不同型号系列的电源擅长的工作任务也不尽相同。

图 3-22　三种常用规格弧焊电源

3. 3. 2
送丝机

送丝机的主要作用是根据焊接电源和机器人的控制，通过伺服电机和送丝轮，将焊丝按照给定速度精确地送到焊枪处，送丝机结构如图 3-23 所示。

图 3-23　送丝机的安装位置及关键结构

3.3.3 焊枪

根据冷却形式，焊枪主要分为水冷枪和空冷枪；根据枪颈角度，焊枪主要分为22°枪颈焊枪和45°枪颈焊枪以及少量在使用的特殊角度枪颈焊枪。除了枪颈之外，还有喷嘴等耗材，如图3-24所示。

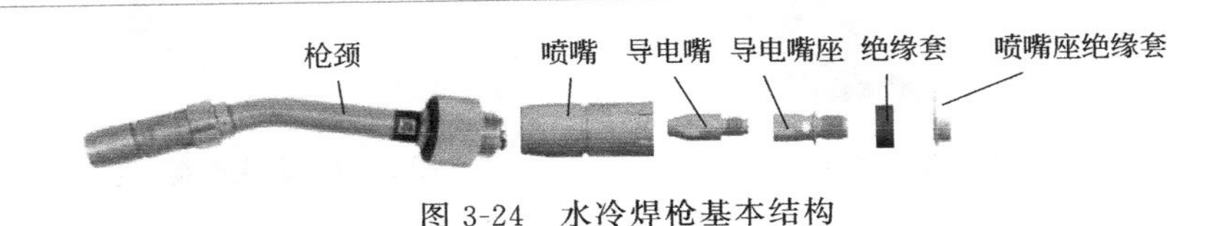

图3-24　水冷焊枪基本结构

针对狭小空间，有时会选择图3-25所示结构的喷嘴；当为铝材焊丝材料或特殊的焊接工艺时，仅仅是送丝机送丝还不能完成相应的工作，需要在焊枪处增加推拉丝机构，如图3-26所示。

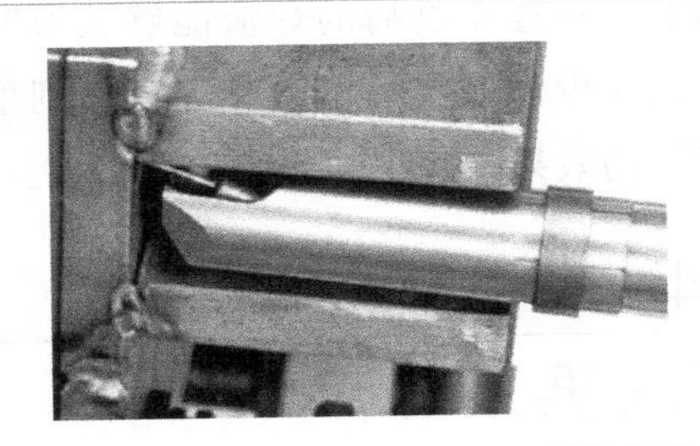

图3-25　针对狭小空间的特殊结构焊枪

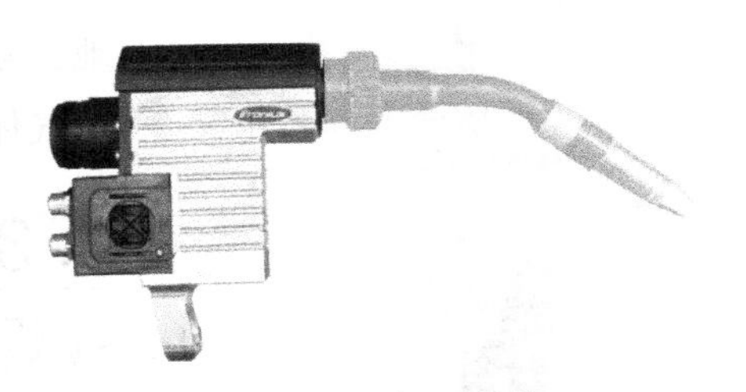

图3-26　推拉丝焊枪

有些特殊场合，焊枪的枪颈可以加长至400mm，甚至700mm，如图3-27所示。但是项目中需要选择合适的机器人，以保证TCP点的稳定。

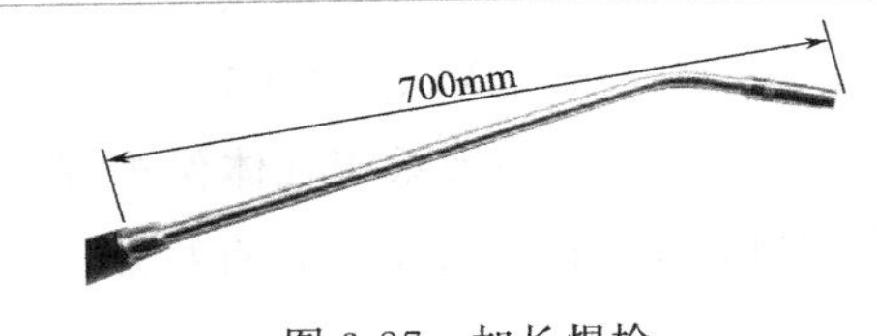

图3-27　加长焊枪

通常机器人项目中焊枪会配置在碰撞传感器的末端，采用螺纹连接，如图 3-28 所示。和其他电气元器件通过集成电缆集中连接，如图 3-29 所示。

图 3-28　防碰撞传感器

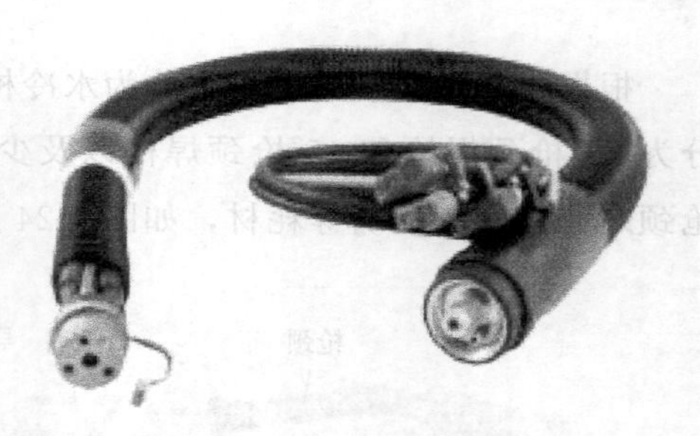

图 3-29　集成电缆

在机器人项目的焊枪系统里通常还有一个比较重要的装置——清枪站，如图 3-30 所示。清枪站的作用是剪丝、清枪、喷油，确保飞溅出的、粘连在喷嘴的焊渣能够被及时地去除，以减少焊渣与喷嘴的粘连，达到增强气体保护的效果，减少焊接缺陷的出现。

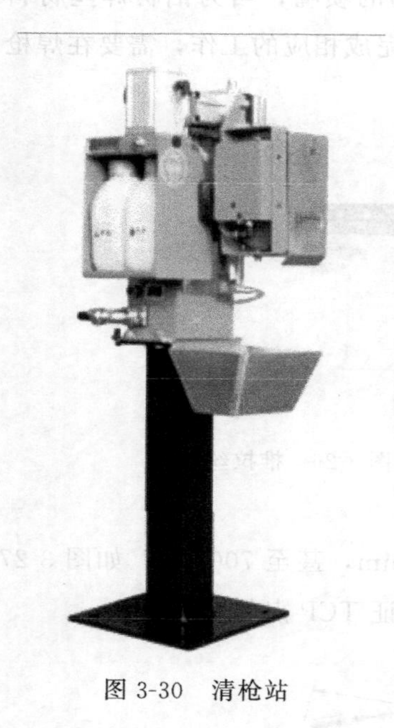

图 3-30　清枪站

3.3.4 弧焊的主要工艺

电弧焊是指以电弧作为热源，利用空气放电的物理现象，将电能转换为焊接所需的热能和机械能，从而达到连接金属的目的。主要方法有焊条电弧焊、埋弧焊、所体保护焊（MAG/MIG）、氩弧焊（TIG）等。机器人一般采用气体保护焊，气体保护焊的工艺分为直流焊、脉冲焊和 CMT 焊，这三种工艺各有特点，用于不同要求的焊接场景。

3.4 常用点焊系统

点焊是一种高速、经济的连接方法，适于可以采用搭接、接头不要求气密、厚度小于 3mm 的冲压或轧制的薄板构件的焊接，用于把焊件在接头处接触面上的个别点焊接起来。

点焊通常分为双面点焊和单面点焊两大类。单面点焊时，电极由工件的同一侧向焊接处馈电；双面点焊时，电极由工件的两侧向焊接处馈电。

3.4.1 常用的点焊设备

常用的点焊设备有半自动的常规点焊机、机器人用点焊系统等，如图 3-31 所示。当前国内使用的多为 300～600kVA 的直流脉冲、三相低频和次级整流焊机，个别达到 1000kVA。也有采用单相交流焊机的，但仅限于不重要工件的焊接。焊接执行部件主要是各种类型的焊钳，辅助设备为电极帽修磨器。

图 3-31　半自动点焊机及机器人用点焊系统

机器人用的点焊钳和手工点焊钳大致相同，一般有C形钳和X形钳两类。应首先根据工件的结构形式、材料、焊接规范以及焊点在工件上的位置分布来选用焊钳的形式、电极直径、电极间的压紧力、两电极的大开口度和焊钳的大喉深等参数。

点焊机器人的焊钳多是气动的。气动焊钳电极的张开和闭合是通过气缸驱动的，这会带来两个局限：一是两电极的张开度一般只有两级；二是电极的压紧力一旦调定，在焊接中不能变动。气动焊钳可以根据工件情况在编程时选择大的或小的张开度。张开度大（大冲程）是方便把焊钳伸入工件较深的部位，不会发生焊钳和工件的干涉或碰撞；张开度小（小冲程）是在连续点焊时，为了减少焊钳开合的时间、提高工作效率而采用的。近年来出现了一种新的电伺服点焊钳，这种新式焊钳的张开和闭合是由伺服电机驱动，通过码盘反馈闭环控制的，所以焊钳的张开度可以根据需要在编程时任意设定，而且电极间的压紧力（由电机电流控制）也能够实现无级调节。这种电伺服焊钳具有如下优点。

① 可以大幅度地降低每一个焊点的焊接周期。由于焊钳张开和闭合的整个过程都是由机器人控制柜的计算机监控的，所以在焊点到焊点的移动过程中，焊钳就可以开始闭合；焊完一点后，焊钳打开的同时，机器人同时移动。机器人不必像用气动焊钳那样必须等焊钳完全张开后才能动，也不必等机器人到位后焊钳才开始闭合。

② 焊钳的张开度可以根据工件的情况任意调节，只要不发生碰撞或干涉，可以尽可能减小张开度，以减小焊钳的开合时间，提高效率。

③ 焊钳闭合加压时，不仅压力的大小可以任意调节，而且两电极的闭合速度是可变的，开始快后来慢，然后轻轻地和工件接触，减少电极与工件的撞击噪声和工件的变形，必要时还可以调节焊接过程中的压力大小，减少点焊时的喷溅。X形气动点焊钳如图3-32所示，C形伺服点焊钳如图3-33所示。

无论气动的还是电伺服的一体式焊钳都是把变压器装在焊钳的后部，所以变压器必须尽量小型化。对于容量较小的变压器可以用50Hz的工频交流，而对容量较大的变压器，为了减小变压器的体积和重量，已经采用了逆变技术把50Hz工频交流变为400～1000Hz的交流，变压后可以直接用400Hz的交流进行焊接，而对较高频率的交流，一般都要再经过二次整流，用直流焊接。焊接参数由定时器控制。

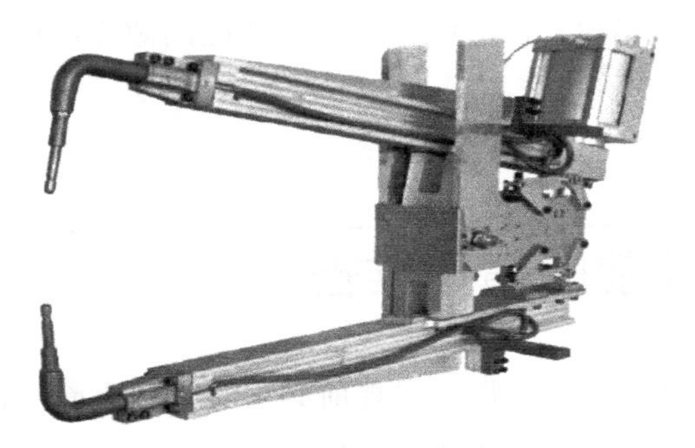

图 3-32　X 形点焊钳

图 3-33　C 形点焊钳

3.4.2 点焊工艺参数的选择

通常是根据工件的材料和厚度，参考该种材料的焊接条件表选取焊接工艺参数。首先确定电极的端面形状和尺寸；其次初步选定电极压力和焊接时间；然后调节焊接电流，以不同的电流焊接试样；最后检查熔核直径，符合要求后，再在适当的范围内调节电极压力、焊接时间和电流，进行试样的焊接和检验，直到焊点质量完全符合技术条件所规定的要求为止。最常用的检验试样的方法是撕开法，优质焊点的标志是：撕开试样的一片上有圆孔，另一片上有圆凸台。厚板或淬火材料有时不能撕出圆孔和凸台，但可通过剪切的断口判断熔核的直径。必要时，还需进行低倍测量、拉伸试验和 X 光检验，以判定熔透率、抗剪强度和有无缩孔、裂纹等。以试样选择工艺参数时，要充分考虑分流、铁磁性物质对试样和工件的影响，以及装配间隙方面的差异，并适当加以调整。

3.4.3 常用金属点焊前的清理准备

无论是点焊、缝焊还是凸焊，在焊前必须对工件表面进行清理，以保证接头质量稳定。清理方法分机械清理和化学清理两种。常用的机械清理方法有喷砂、喷丸、抛光以及用纱布或钢丝刷清理等。不同的金属和合金需采用不同的清理方法，简介如下。

① 铝及其合金对表面清理的要求十分严格，由于铝对氧的化学亲和力极强，刚清理过的表面会很快被氧化，形成氧化铝薄膜，因此清理后的表面在焊前允许保持的时间是有严格限制的。铝合金的氧化膜主要用化学方法去除，也可用机械方法清理。

② 铜合金可以在硝酸及盐酸中处理，然后进行中和，并清除焊接处残留物。

③ 不锈钢、高温合金进行电阻焊时，保持工件表面的高度清洁十分重要，因为油、尘土、油漆的存在会增加硫脆化的可能，从而使接头产生缺陷。清理方法可用激光、喷丸、钢丝刷或化学腐蚀。

④ 钛合金的氧化皮可在盐酸、硝酸及磷酸钠的混合溶液中进行深度腐蚀去除，也可以通过钢丝刷或喷丸处理。

⑤ 低碳钢和低合金钢在大气中的抗腐蚀能力较低，因此这些金属在运输、存放和加工过程中常常用抗蚀油保护。如果涂油表面未被车间的脏物或其他不良导电材料污染，在电极的压力下，油膜很容易被挤开，不会影响接头质量。

⑥ 有镀层的钢板一般不用特殊清理就可以进行焊接。带有磷酸盐涂层的钢板，其表面电阻会高到在低电极压力下焊接电流无法通过的程度，只有采用较高的电极压力才能进行焊接。

这些材料厚度不同时，选用的电极帽的直径、电极压力、焊接时间和焊接电流都不一样，可以根据焊接电源厂家推荐的参数，结合实际焊接效果和力学实验结果，进行相应调整。

3.5 常用磨抛系统

机器人磨抛实际上可以细分为三大主要应用领域：一是抛光，是指机器人抓取工件在砂带机或布轮上进行抛光的过程；二是打磨，是指机器人抓取砂轮，对一些压铸件表面和少量的飞边，或是对待除锈的较大工件表面进行打磨的过程；三是切割加工，是指机器人抓取加工头，用铣刀对铸件较大飞边、浇冒口、零件等切割、倒角的过程，类似于机器人在机械零部件加工领域的应用，只是加工精度要求低了很多。

3.5.1 机器人抛光系统

机器人抛光系统主要由三大部分构成：六轴机械臂、砂带机、布轮机。通过六轴机械臂和砂带机完成工件的打磨过程，如图 3-34 所示。

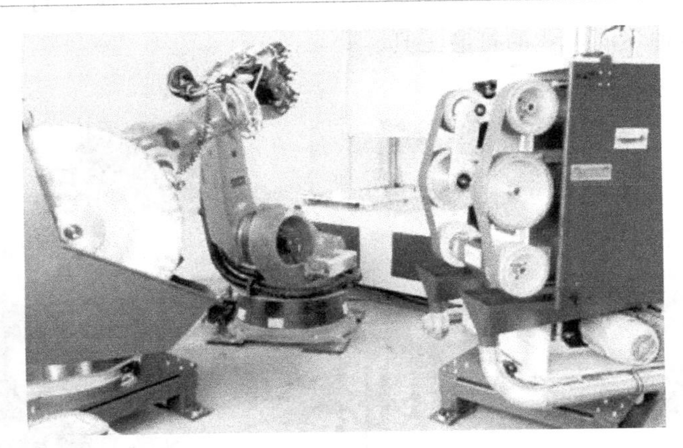

图 3-34 机器人抛光系统

砂带机中设有力反馈系统和力反馈控制算法，在打磨过程中，机械臂和砂带之间保证以恒力完成打磨的整个过程，通过传感器将压力数据传给控制系统，控制系统快速响应变化，通过调节气缸快速调整砂带和工件之间的打磨压力，保证打磨之间的恒力。同时砂带机配置自动张紧与纠偏装置，通过该装置调节砂带的工作位置，以提高工件的打磨工艺和质量，降低打磨的废品率。打磨过程完成后，通过机械臂将工件运转到布轮机中，完成工件的清亮、去毛刺工艺。通过粗调和细调布轮机的进给运动、精确定位和补给过程，对打磨后的工件进行除毛刺、清亮等。

机器人抛光系统应用广泛，如水龙头、卫浴挂件、花洒、三通、锌合金水龙头、铜合金水龙头、不锈钢水龙头等卫浴五金件的抛光；如锅柄、锅耳、锅盖等厨具五金件的抛光；如门锁、门拉手、和其他锌合金、不锈钢等建筑五金件的抛光；如高尔夫球头、跑步机等运动器材五金件的抛光；如不锈钢骨头、其他医疗器材、轮椅等医疗五金件的抛光；如五金椅脚等家具五金件的打磨抛光；如苹果手机外壳、笔记本电脑外壳等电子产品五金件的抛光等。

3.5.2 机器人打磨系统

机器人打磨主要是指机器人抓取砂轮或各种形式的专用打磨头，对工件进行打磨的过程，图 3-35 为双机器人协作对发动机缸体进行打磨去毛刺，图 3-36 为多种不同形式的打磨工具。

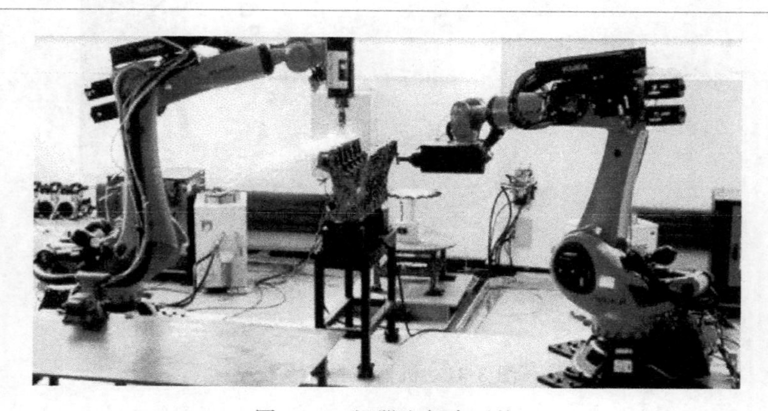

图 3-35　机器人打磨系统

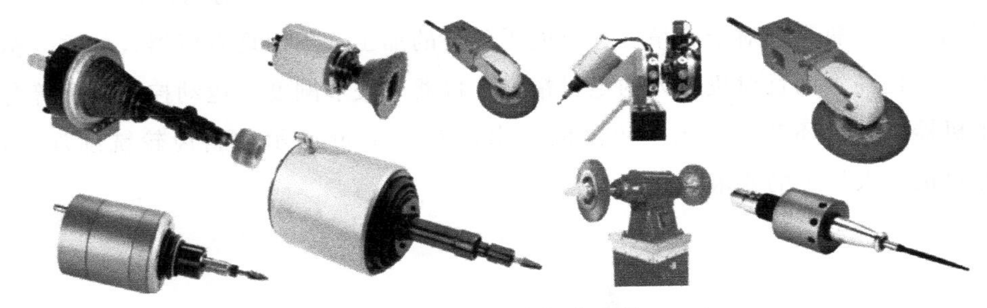

图 3-36 机器人打磨工具

3.5.3 机器人切割加工系统

机器人切割加工是机器人应用领域的新方向，主要是用机器人抓取高速电主轴对零件去毛刺和倒角、铣削复合材料、加工塑料容器、铣削汽车铝合金装饰条以及行李架、铣削玻璃纤维零部件、切削加工铝合金铸件的飞边及浇冒口等，如图 3-37 所示。

图 3-37 机器人切割加工系统

机器人加工的优势是可以适应多种结构形式的零部件，应用比较灵活，范围比较广，可以在三维空间中任意加工，可达到五轴机床加工的效果。如

图 3-38 所示，机器人正配合外部轴进行铣削加工。但是目前的机器人加工也遇到了一些瓶颈，对于有精度要求的零部件的加工，不但现有机器人的重复精度需要提高，而且对机器人的绝对精度、机器人关节刚度、运动控制算法等各个机器人加工环节都提出了更高的要求，如图 3-39 所示的斜齿轮铣削加工，即对机器人加工的要求更高。

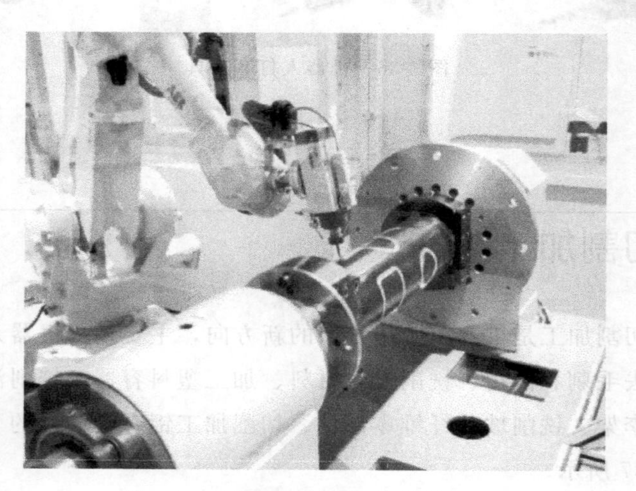

图 3-38　机器人对管件曲面开槽加工

图 3-39　机器人对斜齿轮铣削加工

3.6 常用切割下料系统

常用的切割方法主要有火焰切割、等离子切割和激光切割下料等。机器人项目一般搭配等离子切割和激光切割设备使用。

3.6.1 等离子切割系统

等离子切割是利用高温等离子电弧的热量使工件切口处的金属局部熔化和蒸发，并借高速等离子的动量排除熔融金属以形成切口的一种加工方法。等离子切割配合不同的工作气体可以切割各种氧气切割难以切割的金属，尤其是对于有色金属（铝、铜、钛、镍）切割效果更佳。其主要优点在于切割厚度不大的金属时，等离子切割速度快，尤其在切割普通碳素钢薄板时，速度可达氧气切割的5～6倍，且切割面光洁、热变形小、热影响区少。

20世纪90年代初，精细等离子首次挑战了激光切割的市场。在金属切割工业中，激光切割因具有在保证准确精度的同时产生高质量切口的能力，而成为等离子切割的一个重要的竞争对手。等离子设备的制造商们不断努力，以求进一步提高等离子设备的切割质量。通过极大地缩小喷嘴孔尺寸而产生极度压缩弧，等离子切割获得了能与激光切割竞争的高能量密度。精细等离子系统已经成为金属切割工业中能与激光竞争的先进的等离子产品。

（1）等离子切割系统组成

等离子切割系统主要由供气装置、电源以及割炬等部分组成，水冷枪还需有冷却循环水装置。

① 供气装置：空气等离子弧切割的供气装置的主要设备是一台功率大于1.5kW的空气压缩机，切割时所需气体压力为0.4～0.6MPa。如选用其他气体，可采用瓶装气体减压后供切割时使用。

② 电源：等离子切割采用具有陡降或恒流特性的直流电源。为获得满意

的引弧及稳弧效果，电源空载电压一般为电弧电压的 2 倍。常用切割电源空载电压为 350～400V，不同大小的电源切割能力不同。图 3-40 所示为不同规格的等离子切割电源。

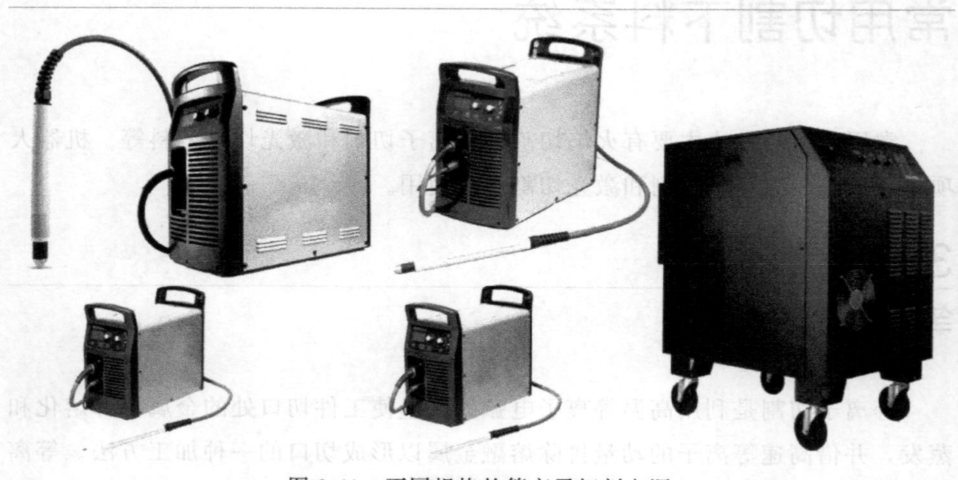

图 3-40　不同规格的等离子切割电源

③ 割炬：割炬分为手持式和机用式，具体形式多样，如图 3-41 所示。割炬的冷却形式取决于割炬的电流等级，一般 125A 以下割炬多采用风冷结构；125A 以上割炬多采用水冷结构。割炬中的电极可采用纯钨、钍钨、铈钨棒，也可采用镶嵌式电极，电极材料优先选用铸钨。

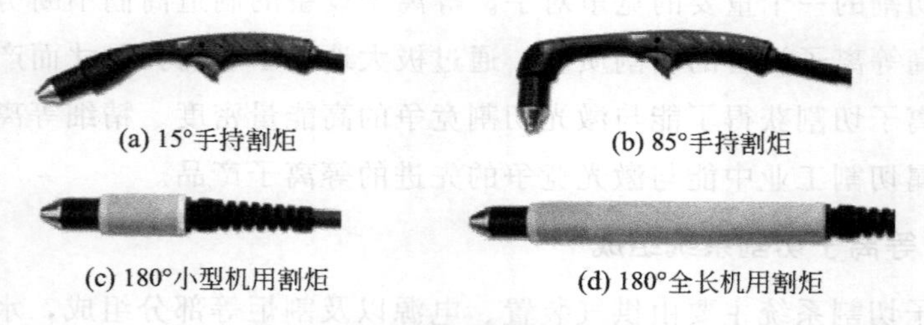

(a) 15°手持割炬　(b) 85°手持割炬

(c) 180°小型机用割炬　(d) 180°全长机用割炬

图 3-41　不同类型的等离子割炬

由于水冷的缺点和复杂性，各厂家在割炬处的风冷冷却设计也是不断创新，使得在较大电流时仍能使用风冷结构。图 3-42 所示为多种结构形式的割炬。

图 3-42 不同形式的等离子割炬结构

等离子切割具有切割厚度大、切割灵活、装夹工件简单及可以切割曲线等优点，广泛用于多种金属材料和非金属材料的切割。

（2）等离子切割参数

等离子切割工艺参数直接影响切割过程的稳定性、切割质量和效果，主要切割参数介绍如下。

① 空载电压和弧柱电压。等离子切割电源必须具有足够高的空载电压才能容易引弧和使等离子弧稳定燃烧。空载电压一般为120～600V，而弧柱电压一般为空载电压的一半。提高弧柱电压能明显地增加等离子弧的功率，因而能提高切割速度，并可切割更大厚度的金属板材。弧柱电压往往通过调节气体流量和加大电极内缩量来提高，但弧柱电压不能超过空载电压的65%，否则会使等离子弧不稳定。

② 切割电流。增加切割电流同样能提高等离子弧的功率，但它受到最大允许电流的限制，否则会使等离子弧柱变粗、割缝宽度增加、电极寿命下降。

③ 气体流量。增加气体流量既能提高弧柱电压，又能增强对弧柱的压缩作用而使等离子弧能量更加集中、喷射力更强，因而可提高切割速度和质量。但气体流量过大，反而会使弧柱变短，损失热量增加，使切割能力减弱，直至使切割过程不能正常进行。

④ 电极内缩量。所谓内缩量是指电极到割嘴端面的距离。合适的距离可以使电弧在割嘴内得到良好的压缩，获得能量集中、温度高的等离子弧而进行有效的切割。距离过大或过小会使电极严重烧损、割嘴烧坏和切割能力下降。内缩量一般取8～11mm。

⑤ 割嘴高度。割嘴高度是指割嘴端面至被割工件表面的距离。该距离一般为4～10mm。它与电极内缩量一样，距离要合适才能充分发挥等离子弧的

切割效率，否则会使切割效率和切割质量下降或使割嘴烧坏。

⑥ 切割速度。以上各种因素直接影响等离子弧的压缩效应，也就是影响等离子弧的温度和能量密度，而等离子弧的高温、高能量决定着切割速度，所以以上的各种因素均与切割速度有关。在保证切割质量的前提下，应尽可能地提高切割速度。这不仅能提高生产率，而且能减少被割零件的变形量和割缝区的热影响区域。若切割速度不合适，其效果相反，而且会使粘渣增加，切割质量下降。

（3）弧压调高

切割电流、空载电压和弧柱电压、切割速度都是设定值，比较容易控制，电极内缩量在割炬选定后是一个固定值，唯有割嘴高度和工件位置及示教有关。当工件发生变形或是尺寸有误差时，则在切割时，要么是距离变远，切割效果变差；要么是距离变近，发生撞枪，损坏设备。这两种情况都是不允许的。现在成熟的处理办法是采用弧压调高系统，如果是龙门式的设备，在 Z 轴末端增加一套伺服弧压调高机构，根据弧压实时反馈的模拟量信号调节割嘴高度，使割嘴始终和零件处于同一设定高度。对于机器人等离子切割项目，需要在机器人和切割电源之间增加专用的通信板卡并配以专用软件进行通信，实时控制机器人的 TCP 点位置，从而精确地控制割嘴高度。

3.6.2 激光切割系统

激光切割是利用经聚焦的高功率密度激光束照射工件，使被照射的材料迅速熔化、汽化、烧蚀或达到燃点，同时借助与光束同轴的高速气流吹除熔融物质，从而实现工件的割开。激光切割属于热切割方法之一。

（1）激光切割的特点

激光切割与其他热切割方法相比，总的特点是切割速度快、质量高。激光切割的优点具体概括为如下几个方面。

① 切割质量好。由于激光光斑小、能量密度高、切割速度快，因此激光切割能够获得较好的切割质量。激光切割切口细窄，切缝两边平行并且与表面垂直，切割零件的尺寸精度可达±0.05mm，切割表面光洁美观，表面粗糙度

只有几十微米，甚至激光切割可以作为最后一道工序，无需机械加工，零部件可直接使用。材料经过激光切割后，热影响区宽度很小，切缝附近材料的性能也几乎不受影响，并且工件变形小，切割精度高，切缝的几何形状好，切缝横截面是较为规则的长方形。

② 切割效率高。由于激光的传输特性，激光切割机上一般配有多台数控工作台或机器人，整个切割过程可以全部实现数控。操作时，只需改变数控程序就可适用不同形状零件的切割，既可进行二维切割，又可实现三维切割。

③ 切割速度快。用功率为1200W的激光切割2mm厚的低碳钢板，切割速度可达600cm/min；切割5mm厚的聚丙烯树脂板，切割速度可达1200cm/min。材料在激光切割时不需要装夹固定，既可节省工装夹具，又节省了上下料的辅助时间。

④ 非接触式切割。激光切割时割炬与工件无接触，不存在工具的磨损。加工不同形状的零件不需要更换“刀具”，只需改变激光器的输出参数。激光切割过程噪声低，振动小，无污染。

⑤ 切割材料的种类多。与氧乙炔切割、等离子切割比较，激光切割材料的种类多，包括金属、非金属、金属基和非金属基复合材料、皮革、木材及纤维等。但是不同的材料，由于自身的热物理性能及对激光的吸收率不同，表现出不同的激光切割适应性。

激光切割的缺点是：由于受激光器功率和设备体积的限制，激光切割只能切割中、小厚度的板材和管材，而且随着工件厚度的增加，切割速度明显下降。设备费用高，一次性投资大。

（2）激光切割不同常用材料时的特性

① 结构钢。该材料用氧气切割时会得到较好的效果。当将氧气作为加工气体时，切割边缘会轻微氧化。厚度达4mm的板材可以用氮气作为加工气体进行高压切割，这种情况下，切割边缘不会被氧化。切割厚度在10mm以上的板材时，激光器使用特殊极板并且在加工中给工件表面涂油可以得到较好的效果。

② 不锈钢。在可以接受切割端面氧化的情况下可使用氧气；使用氮气可以得到无氧化无毛刺的边缘，就不需要再做处理了。在板材表面涂层油膜会得到更好的穿孔效果，且不降低加工质量。

③ 铝。尽管有高反射率和热传导性，但厚度6mm以下的铝材仍可以切

割，这取决于合金类型和激光器能力。当用氧切割时，切割表面粗糙而坚硬。用氮气时，切割表面平滑。纯铝因为其高纯非常难切割，只有在系统上安装“反射吸收”装置时才能切割纯铝材，否则反射会毁坏光学组件。

④ 铜和黄铜。两种材料都具有高反射率和非常好的热传导性。厚度 1mm 以下的黄铜可以用氮气切割；厚度 2mm 以下的铜可以切割，但加工气体必须用氧气。只有在系统上安装“反射吸收”装置时才能切割铜和黄铜，否则反射会毁坏光学组件。

图 3-43 所示为切割的试样，材料分别为碳钢、不锈钢、铝合金、黄铜。

(a) 碳钢试样

(b) 不锈钢试样

(c) 铝合金试样

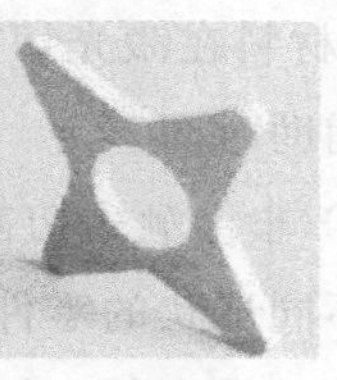
(d) 黄铜试样

图 3-43　不同材料的等离子切割成品

（3）激光切割系统的组成

激光切割系统通常包括激光发生器、光路系统、冷却系统、激光切割头等部分。大多数激光切割机都通过数控程序进行控制操作或做成切割机器人形式，如图 3-44 及图 3-45 所示。激光切割作为一种精密的加工方法，几乎可以切割所有的材料，还可进行薄金属板的二维切割或三维切割。

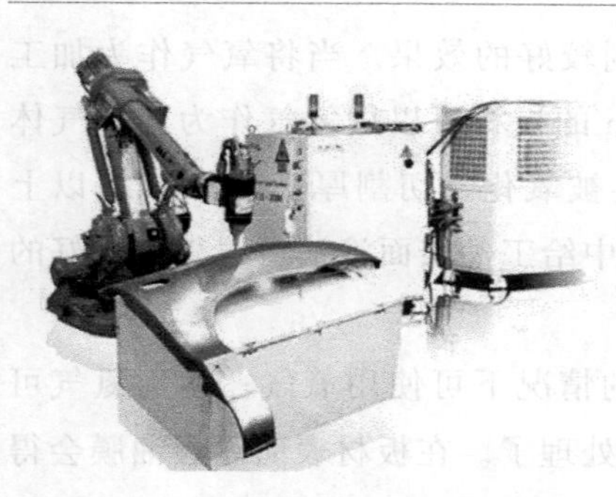
图 3-44　机器人激光三维切割系统

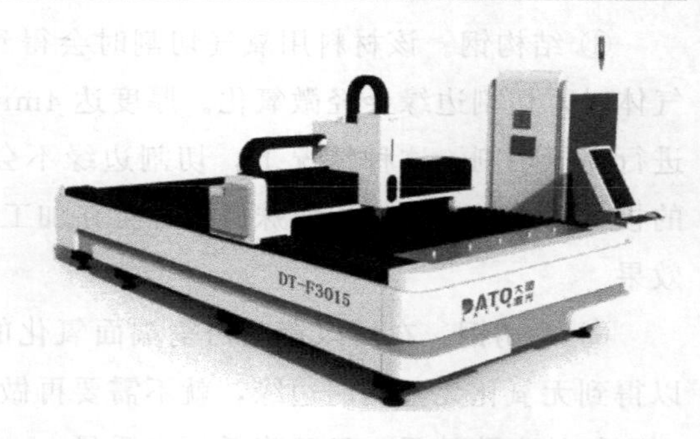

图 3-45　平面激光切割系统

激光切割成形技术在非金属材料领域也有着较为广泛的应用，不仅可以切割硬度高、脆性大的材料，如氮化硅、陶瓷、石英等，而且能切割柔性材料，如布料、纸张、塑料板、橡胶等。如可用激光切割进行服装剪裁，不仅可节约10%～12%的衣料，而且能提高3倍以上工效。

与其他常规热切割方法相比，激光切割切口小，热影响区小，工件变形少，精度高，质量好。一般来说，激光切割质量可以用以下几个指标来衡量：

①切割表面粗糙度 Rz；②切口挂渣尺寸；③切边垂直度和斜度 u；④切割边缘圆角尺寸 r；⑤平面度 F；⑥条纹后拖量 n。

（4）二氧化碳激光切割的关键技术

CO_2 激光切割的关键技术是光、机、电一体化的综合技术。激光束的参数、机器与数控系统的性能和精度都直接影响激光切割的效率和质量。对于切割精度较高或厚度较大的零件，必须掌握和解决以下关键技术。

① 焦点位置控制技术。激光切割的优点之一是光束的能量密度高，焦点光斑直径要尽可能小，以便产生一条窄的切缝。

② 切割穿孔技术。任何一种热切割技术，除少数情况可以从板边缘开始外，一般都必须在板上穿一个小孔。早期是在激光冲压复合机上用冲头先冲出一个孔，然后再用激光从小孔处开始进行切割，现在一般采用爆破穿孔或脉冲穿孔。

③ 喷嘴设计及气流控制技术。激光切割钢材时，氧气和聚焦的激光束通过喷嘴射到被切材料处，从而形成一个气流束。对气流的基本要求是进入切口的气流量要大，速度要高，以便进行足够的氧化反应使切口材料充分放热，同时又有足够的动量将熔融材料喷射吹出。因此除光束的质量及其控制直接影响切割质量外，喷嘴的设计及气流的控制也是十分重要的因素。

在整个切割下料领域，火焰切割由于存在污染和能耗问题，很大部分逐步被等离子切割和激光切割替代。特别是在等离子设备价格大幅下降后，火焰切割只应用在一些传统行业和精度、速度要求都不高的场合；等离子设备正在朝着更快、更精细的方向发展，并不断和激光切割进行市场竞争；激光切割由于它自身的特点，不仅可以切割硬度高、脆性大的材料，如氮化硅、陶瓷、石英等，而且能切割加工柔性材料，如布料、纸张、塑料板、橡胶等。随着元器件技术的成熟、价格下降，激光切割将会越来越容易被市场接受。

3.7 常用喷涂与点胶系统

喷涂和点胶是两种不同的工艺，但是又有相似之处：在设备上有基本同类的供胶桶、供胶电磁阀、供胶泵、胶枪；在胶的类别上又同样分为水溶性胶和油性胶；在使用和维护上又有比较接近的习惯和要求。因此，将喷涂和点胶系统放在同一章节来介绍。二者的不同点在于：点胶一般是指把液体滴在被涂物体表面，或把半固态熔融状的胶体涂、灌在零件预先开设好的沟槽当中；喷涂是要将涂料雾化后均匀地施涂于工件表面。

3.7.1 点胶系统

点胶是一种工艺，也称施胶、涂胶、灌胶、滴胶等，是把电子胶水、油或者其他液体涂抹、灌封、点滴到产品上，让产品起到粘贴、灌封、绝缘、固定、表面光滑等作用。

自动点胶是用气压在设定时间内把胶液推出，由仪表控制每次注滴时间，确保每次注滴量一样，或配合相关的外部轴连续施胶于零件上。调节好气压、时间、外部轴的运动速度和选择适当的针嘴，便可改变每次注滴和施胶量。图 3-46 和图 3-47 分别为坐标式精密点胶机和四轴机器人式注胶机。

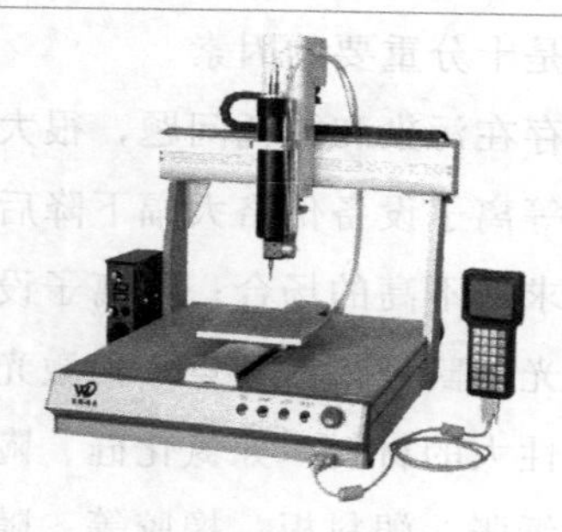

图 3-46　坐标式精密点胶机

图 3-47　四轴机器人式注胶机

3.7.2 喷涂系统

喷涂是指通过喷枪或碟式雾化器，借助于压力或离心力，将涂料分散成均匀而微细的雾滴，施涂于被涂物表面。喷涂可分为空气喷涂、无空气喷涂、静电喷涂以及上述基本喷涂形式派生的喷涂方式，如大流量低压力雾化喷涂、热喷涂、自动喷涂、多组喷涂等。

喷涂作业生产效率高，适用于手工作业及工业自动化生产，应用范围广，主要有五金、塑胶、家私、军工、船舶等领域，是现今应用最普遍的一种涂装方式。喷涂作业需要有百万级到百级的无尘车间，喷枪，喷漆室，供漆室，烘干炉，喷涂工件输送作业设备，消雾及废水、废气处理设备等。喷涂中的主要问题是高度分散的漆雾和挥发出来的溶剂，既污染环境，不利于人体健康，又浪费涂料，造成经济损失。

汽车车身喷漆现在已经基本全部实现机器人自动化喷涂，采用的机器人均为防爆机器人，项目实施难度较高，如图 3-48 所示为汽车白车身喷涂系统。

图 3-48　汽车白车身喷涂系统

常规零部件的喷漆通常采用轨道挂架，进入喷漆专用房，在喷漆房内采用人工或专用机械设备，对其进行喷涂，然后直接进入烘干房进行烘干，如图 3-49 所示为轨道挂架喷涂线。

图 3-49　轨道挂架喷涂线

3.7.3
喷涂和点胶系统的注意事项

对于喷涂和点胶系统需要特别注意胶水的选择，是选择水性胶还是选择油性胶；需要定期清理胶桶和滤网，防止堵塞后供胶泵空转烧毁；需要定期清理电磁阀和胶枪，以确保喷胶效果；需要在使用结束后使用水或相应溶剂对胶桶、泵、电磁阀、胶枪进行反复循环、清洗，否则可能在下次使用时无法启动供胶泵，无法开闭电磁阀，无法开闭胶枪。

3.7.4
粉末喷涂系统

粉末喷涂是喷涂的一种形式，但是在某些方面又和传统的油漆喷涂有区别，在能耗、环境方面有很大的优势，是近些年来发展较快的一种喷涂方式。

粉末喷涂是用喷粉设备把粉末涂料喷涂到工件的表面，在静电作用下，粉末会均匀地吸附于工件表面，形成粉状的涂层。粉状涂层经过高温烘烤流平固化，变成效果各异的最终涂层。粉末喷涂在机械强度、附着力、耐腐蚀、耐老化等方面优于喷漆工艺，成本也在同效果的喷漆之下。

静电粉末喷涂系统主要由一套供粉装置、一套或数套静电喷枪及控制装置、静电发生装置及一套粉末回收装置组成。

如图 3-50 所示为小型手持式静电粉末喷涂设备，图 3-51 为大量使用粉末时的粉末振动筛。

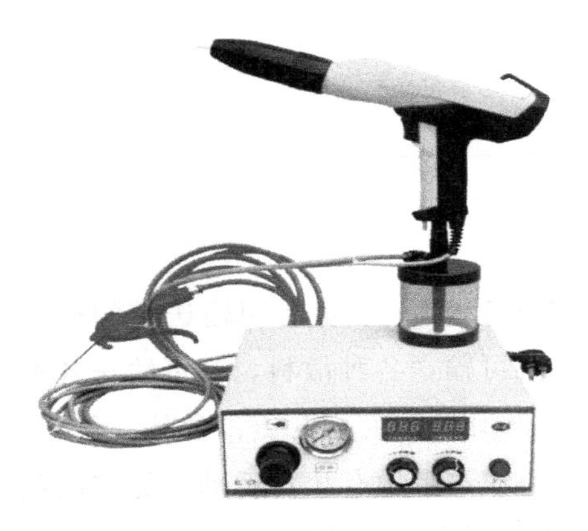

图 3-50　手持式静电喷涂设备

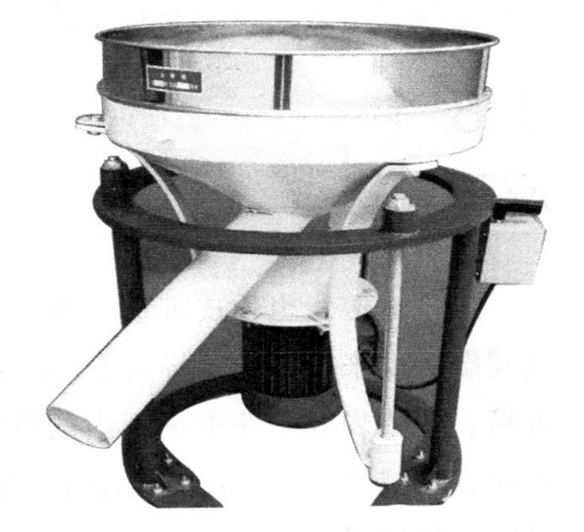

图 3-51　粉末振动筛

与传统的油漆工艺相比，粉末涂装的优点是：

① 高效：由于是一次性成膜，可提高 30%～40%的生产率。

② 污染少：无有机溶剂挥发（不含油漆涂料中的甲苯、二甲苯等有害气体）。

③ 涂膜性能好：一次性成膜厚度可达 50～80μm，其附着力、耐蚀性等综合指标都比油漆工艺好。

④ 成品率高：在未固化前，可进行二次重喷。粉末涂装工艺种类较多，常见的有静电喷粉和浸塑两种。

总体来说，喷涂行业是一个专业性较强、门槛不高、做精较难的行业。目前和机器人领域相结合的应用主要在汽车行业，难度较高，一次性投入较大，其余一些五金、家私等行业逐步在规模化地投入应用。

3.8 机器人系统中常用输送系统

在机器人相关应用里面，很多地方涉及物料的输送。由于物料的形式多种多样，输送线的形式也有很多，常规的有皮带输送线、链条输送线、链板输送线、倍速滚子链输送线、动力滚筒输送线、天轨积放输送线、真空吸附式链板输送线、伺服定位输送线、散料刮板输送线，还有现在物流行业比较流行的智能分拣输送线等。现就常用的几种简要介绍如下。

3.8.1 皮带输送线

皮带输送线也称皮带输送机，结构如图 3-52 所示，是运用输送带的连续或间歇运动来输送各种轻重不同的物品的，既可输送各种散料，又可输送各种纸箱、包装袋等单件重量不大的货物，广泛应用于轻工、电子、食品、化工、木业、机械等行业。皮带机输送平稳，物料与输送带没有相对运动，能够避免对输送物的损坏；噪声较小，适合于工作环境要求比较安静的场合；结构简单，便于维护；能耗较小，使用成本低。

图 3-52 皮带输送线

皮带机输送带有橡胶、硅胶、PVC、PU 等多种材质，除用于普通物料的输送外，还可满足耐油、耐腐蚀、防静电等有特殊要求的物料的输送。采用专用的食品级输送带，可满足食品、制药、日用化工等行业的要求。

皮带机有槽型皮带机、平型皮带机、爬坡皮带机、转弯皮带机等多种形式，输送带上还可增设提升挡板、裙边等附件，能满足各种工艺要求。输送机两侧配以工作台、加装灯架，可作为电子仪表、食品包装等的装配线。

皮带机驱动方式有减速电机驱动、电动滚筒驱动，通过变频进行调速。

3.8.2 链板输送线

链板输送线以整个输送链板为平面，结构如图 3-53 所示，适合较大工件的作业和输送，也可在链板上装工装夹具。链板输送线的优点是载荷大，运行平稳，工件能直接放在线上输送。

图 3-53 链板输送线

链板输送线的输送面平坦光滑，摩擦力小，物料在输送线之间的过渡平稳，可输送各类玻璃瓶、PET 瓶、易拉罐等物料，也可输送各类箱包；链板有不锈钢和工程塑料等材质，规格品种繁多，可根据输送物料和工艺要求选用，能满足各行各业不同的需求；输送能力大，可承载较大的载荷，如用于电动车、摩托车、发电机等行业；输送速度准确稳定，能保证精确的同步输送；链板输送机一般都可以直接用水冲洗或直接浸泡在水中；设备清洁方便，能满足食品、饮料行业对卫生的要求；设备布局灵活，可以在一条输送线上完成水平、倾斜和转弯输送，结构简单，维护方便。

3.8.3 链条输送线

链条输送线也可称为链条线。链条输送线是以链条作为牵引和承载体进行物料输送的设备，链条可以采用普通的套筒滚子输送链，也可加上承载滚子，形成倍速链用于运输托盘，也可以加上特定的支撑工装用于运输特定的设备等，图 3-54 为带附件的链条输送线，图 3-55 为加了承载滚子的倍速链条线，用于运送托盘。

图 3-54 链条输送线

图 3-55 倍速滚子链条输送线

链条输送线配置天轨、停止器等，可以组成图 3-56 所示的汽车和喷涂行业专用积放输送链。

图 3-56 天轨积放链条输送线

3.8.4 滚筒输送线

滚筒输送线分为动力滚筒输送线和无动力滚筒输送线，两者都是输送设备领域中的重要输送方式，结构如图 3-57 所示。滚筒材质多为镀锌碳钢或不锈钢，一般由减速电机变频驱动。根据现场运输实际需要，滚筒输送线的结构形式灵活多变，广泛应用于各行各业的周转输送。

图 3-57　滚筒输送线

滚筒输送线适用于底部是平面的物品的输送，主要由传动滚筒、机架、支架、驱动装置等组成。输送量大，速度快，运转轻快，能够实现多品种共线分流。滚筒输送线之间易于衔接过渡，可用多条滚筒线及其他输送设备或专机组成复杂的物流输送系统以及分流合流系统。考虑到链条抗拉强度，动力滚筒线最长单线长度一般不超过 10m。

3.8.5 物流智能分拣输送线

物流智能分拣输送线可以由上述介绍的皮带输送线、滚筒输送线、牛眼特殊转向输送装置等组合而成，输送线上可集成红外扫码装置，对包裹扫描后进行定点输送，整个输送线由集中控制系统进行统一转向、调速控制，结构如图 3-58 所示。

图 3-58　物流智能分拣输送线

3.9 机器人系统中常用气动系统

气压传动与控制简称气动，是以压缩空气为工作介质来进行能量和信号的传递，以实现生产自动化的系统。

3.9.1 气动系统的一般组成

气动系统通常包括气源、阀、执行元件、传感器、辅助元件五大部分。

① 气源设备的主体部分是空气压缩机，它将原动机提供的机械能转变为气体压力能，向各个用气点输送压缩空气，主要设备包括空压机、气罐，还包括冷却器、过滤器、干燥器和排水器、油雾器等气源处理元件。

② 阀包括增压阀、减压阀、安全阀、顺序阀、压力比例阀等压力控制阀，还包括电磁换向阀、气控换向阀、人控换向阀、机控换向阀、单向阀、梭阀、真空发生器等方向控制阀和节流阀、速度控制阀、缓冲阀、快速排气阀等流量控制阀。

③ 传感器主要包括磁性开关、限位开关、压力开关、气动传感器。

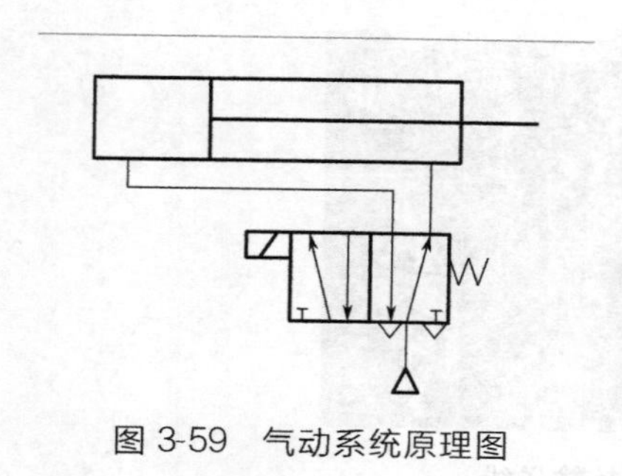

图 3-59　气动系统原理图

④ 气动执行元件主要包括气缸、摆动气缸、气马达、气爪、真空吸盘。

⑤ 其他辅助元件主要包括消声器、接头与气管、气液转换器等。

图 3-59 为最基本的气动系统原理图，包含气源、电磁换向阀、气缸等。工程师在设计气动原理图时需要清楚一些基本元件的图形符号，如图 3-60 所示。

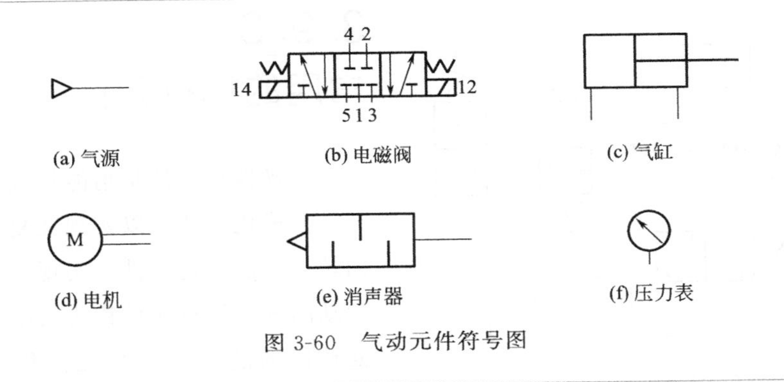

图 3-60　气动元件符号图

3.9.2 常见的典型气路系统

在气路系统设计中，已经有一些常用的或典型的基本回路，设计时可以借鉴，可单独使用，也可进行组合使用，变成更复杂的系统，得到更多的组合功能。现就典型的基本回路进行简单介绍。

通过二级气缸和两个电磁阀可以实现气缸在Ⅰ、Ⅱ、Ⅲ三个位置的停顿，如图 3-61 所示。

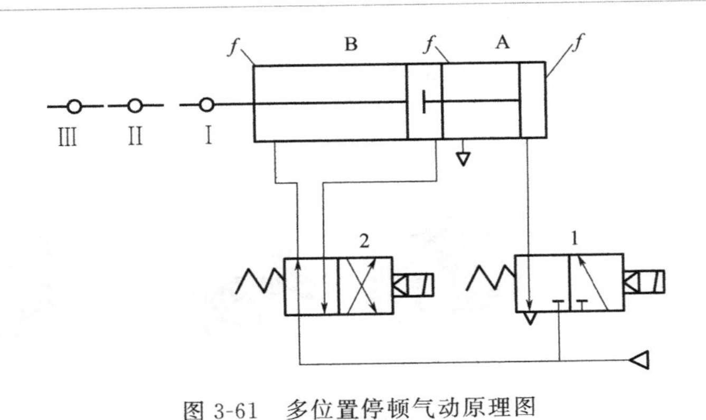

图 3-61　多位置停顿气动原理图

通过行程开关可以让气缸在设定范围内做往复运动，如图 3-62 所示。

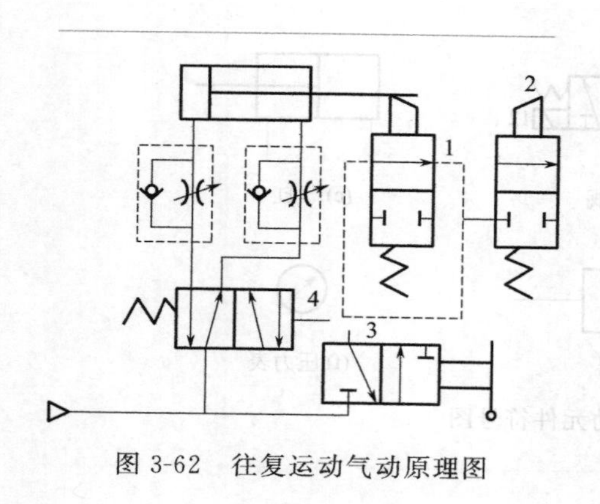

图 3-62 往复运动气动原理图

3.9.3 常用的执行元件

气动执行元件是指能将气体压缩能转换成机械能，以实现往复运动或回转运动的执行元件。实现直线往复运动的气动执行元件称为气缸；实现回转运动的气动执行元件称为气动马达。

气缸的种类可分为标准型、紧凑薄型、滑台、导杆缸、无杆缸、气爪、摆缸、夹紧缸、高速缸、挡料缸、锁紧缸、低摩缸等，图 3-63 为一些常用的不同类型、不同安装形式的普通气缸，图 3-64 为一些不同开闭形式、不同开闭点数的气动夹爪。

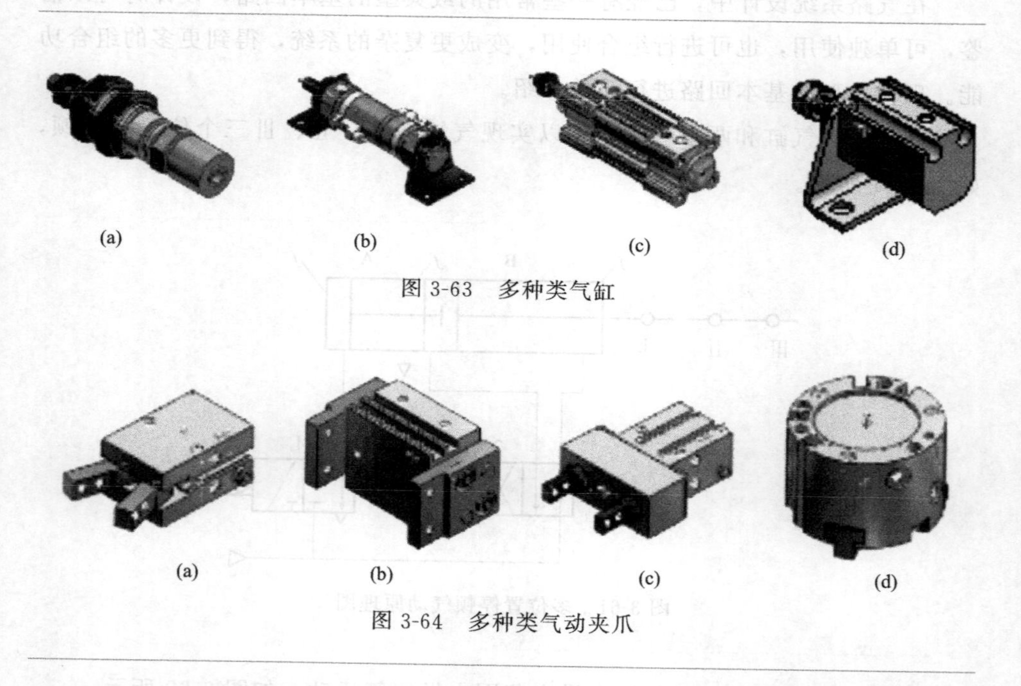

图 3-63 多种类气缸

图 3-64 多种类气动夹爪

图 3-65 为一些特殊用途的阻挡缸、摆动夹紧缸、销钉缸、旋转夹紧缸等。

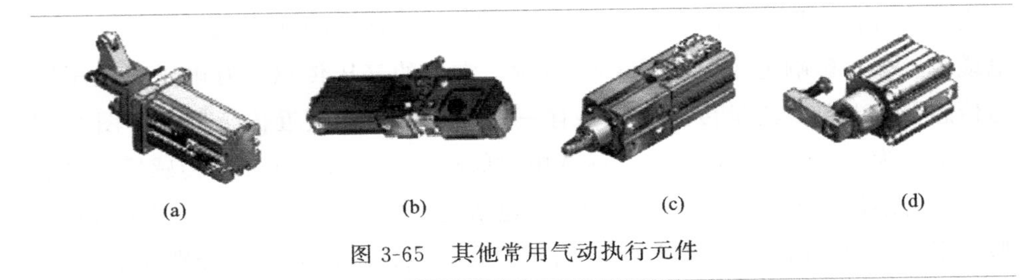
(a) (b) (c) (d)

图 3-65 其他常用气动执行元件

3.9.4 气动辅助元件

常用的气动辅助元件包含主管道压力控制阀，主要用于设备主管道压力的设定。当供气压力大于设定需要的压力时起到一个减压阀的作用，通常会集成在气动三联件之中。三联件通常还包括过滤器、油雾器，油雾器需要定期加油，过滤器需要定期排水。如果气路中有较多的真空发生器，且空气较为潮湿，需要使用自动排水式的过滤器。如果气路中无需压力实时监测反馈，通常会在三联件中配置一个机械式的压力表，辅助元件通常还包括消声器、压力释放阀等，常见形式如图 3-66 所示。

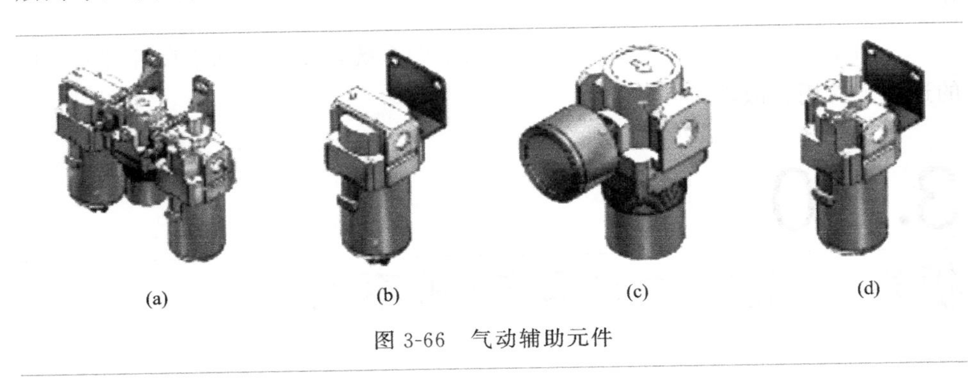
(a) (b) (c) (d)

图 3-66 气动辅助元件

3.9.5 常用的电磁阀和传感器

最常用的电磁阀有二位三通、二位五通、三位五通电磁阀。多片阀片通常会集中放置在专用安装阀块上，如果阀片太多，需要通过总线方式走线，否则电缆线较多，影响走线。如图 3-67 所示，常用的气压传感器有电子式气压压力传感器、电子式流量传感器、还有一些气缸用磁环接近传感器等，图 3-67 所示依次为单片式电磁阀岛、总线式电磁阀岛、电子式气压压力传感器及电子式流量传感器。电子式气压压力传感器包括电子式真空负压和气压正压两种类型，用于监测气路中的实时压力，当压力在设定值的两侧时，分别向 PLC 反馈高低电平值。

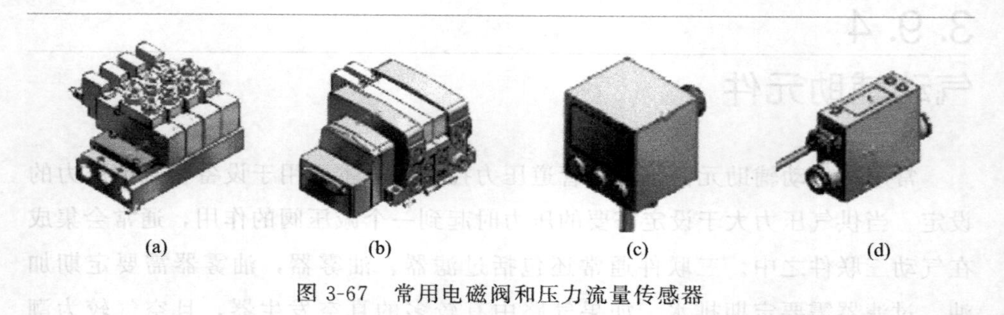

图 3-67　常用电磁阀和压力流量传感器

气路系统中管路、接头的选择也很重要。管路需要根据不同介质、使用环境等选择相应的材质；接头更需要根据使用需求，选择不同类型、不同功能的接头。

气路系统是机器人工作站中最常用的辅助系统，需要熟练掌握各种元器件的选型、应用、故障排除等。

3.10 机器人系统中常用液压系统

液压系统的作用是通过改变压强增大作用力。液压系统可分为两类：液压传动系统和液压控制系统。液压传动系统以传递动力和运动为主要功能。液压控制系统则要使液压系统输出满足特定要求的性能，特别是动态性能，通常所说的液压系统主要指液压传动系统。

如图 3-68 所示，一个完整的液压系统由五部分组成，即动力元件、执行元件、控制元件、辅助元件和液压油，基本的图形符号和气动产品比较类似，在此不再赘述。

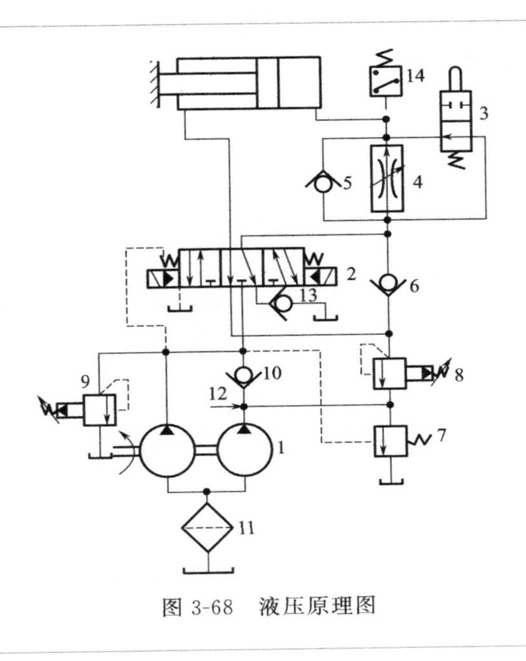

图 3-68 液压原理图

3.10.1 动力元件

动力元件的作用是将原动机的机械能转换成液体的压力能，动力元件多指液压系统中的油泵，它为整个液压系统提供动力。液压泵按其结构形式可分为齿轮泵、叶片泵、柱塞泵和螺杆泵等。每种泵都有其自身的特点，有其最擅长的功能，需要工程师在实际应用时做出合理的选择。图 3-69 分别为齿轮泵、柱塞泵和叶片泵。

3.10.2 执行元件

执行元件主要是指液压缸和液压马达，作用是将液体的压力能转换为机械能，驱动负载做直线往复运动或回转运动。需要说明的是，有一类特殊的液体压力能消耗设备是有动压油膜的滑动轴承，如冲床、汽车曲轴的曲拐处的滑动轴承，需要一定的油膜压力，所以需要将压力油充入轴瓦处的沟槽，从缝隙溢出，带走热量，消耗压力能。

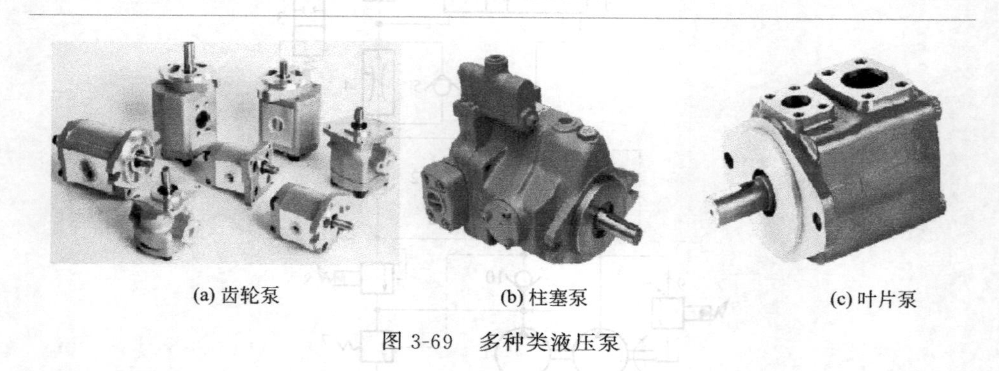

(a) 齿轮泵　(b) 柱塞泵　(c) 叶片泵

图 3-69　多种类液压泵

3.10.3 控制元件

控制元件是指各种液压阀，在液压系统中控制和调节液体的压力、流量和方向。根据控制功能的不同，液压阀可分为压力控制阀、流量控制阀和方向控制阀。压力控制阀包括溢流阀、安全阀、减压阀、顺序阀、压力继电器等；流量控制阀包括节流阀、调整阀、分流集流阀等；方向控制阀包括单向阀、液控单向阀、梭阀、换向阀等。根据控制方式不同，液压阀可分为开关式控制阀、定值控制阀和比例控制阀。

3.10.4 辅助元件

辅助元件包括油箱、滤油器、冷却器、加热器、蓄能器、油管及管接头、密封圈、快换接头、高压球阀、胶管总成、测压接头、压力表、油位计、油温计等。

3.10.5 液压油

液压油是液压系统中传递能量的工作介质，有各种矿物油、乳化液和合成型液压油等。

液压油的选择非常关键，液压油最重要的一个参数是黏度，要特别注意温度过低和过高两种情况，主要考量20℃和100℃两个温度下的黏度数值。温度过低，液压油黏度太大，系统启动困难，容易烧泵，需要在系统中设置加热棒，在油泵启动前进行加热；温度过高，容易损伤执行元件的密封件或降低轴瓦的油膜刚度，需要在系统中加装冷却器，如果热量太大，需要使用换热器进行水冷。

3.10.6 液压系统的优缺点

液压系统的优点是：体积小和重量轻；刚度大、精度高、响应快；驱动力大，适合重载直接驱动；调速范围宽，速度控制方式多样；自润滑、自冷却和长寿命；易于实现自锁、互锁等各类型安全保护。液压系统在机器人工作站上使用时的主要缺点是：存在泄漏隐患，制造难，成本较高。尽量不在焊接、切割等工作站上使用。

3.11 机器人系统中常用视觉系统

视觉系统是利用机器代替人眼来做各种测量和判断。视觉技术是计算机学科的一个重要分支，综合了光学、机械、电子、计算机软硬件等方面的技术，涉及计算机、图像处理、模式识别、人工智能、信号处理、光机电一体化等多个领域。图像处理和模式识别等技术的快速发展也大大地推动了机器视觉的发展。

现在在工业机器人工作站上常用的视觉系统有 CCD 图像视觉、激光视觉和 3D 结构光视觉。

3.11.1 CCD 图像视觉

CCD 图像视觉是用相机代替人眼来做测量和判断，是通过机器视觉产品 CCD 相机将被摄取目标转换成图像信号，传送给专用的图像处理系统，将像素分布和亮度、颜色等信息转变成数字化信号，图像系统对这些信号进行各种运算来抽取目标的特征，进而根据判别的结果来控制现场设备的动作。

现有的机器人 CCD 图像视觉系统通常包括相机、镜头、光源、工控机等。

相机按照不同标准可分为标准分辨率数字相机和模拟相机等。要根据实际应用场合选不同分辨率的线扫描 CCD 或面阵 CCD、黑白相机或彩色相机。

镜头选择时应注意焦距、目标高度、影像高度、放大倍数、影像至目标的距离、畸变等重要因素。

光源是影响机器视觉系统输入的重要因素，它直接影响输入数据的质量和应用效果。光源可分为可见光和不可见光。常用的几种可见光源有白炽灯、日光灯、水银灯和钠光灯。可见光的缺点是光不能保持稳定。由于没有通用的机器视觉照明设备，所以针对每个特定的应用实例要选择相应的照明装置，以达到最佳效果。

图 3-70 是机器人 CCD 视觉机床上下料工作站，栈板运过来的物料到达指定的范围内，机器人通过一个 CCD 相机对栈板进行多角度的拍摄分析，获得栈板上零件的位置信息，引导机器人抓手精确到达指定位置抓取工件，然后上料至加工中心，加工完成后，再由机械手将工件取出，放置于栈板上。

3.11.2 激光视觉

激光视觉是指用激光代替人眼来做测量和判断，通过机器视觉产品——激光发生器将被扫描目标的位置、形状等信息转换成数字信号，进行各种运算来抽取目标的特征，进而根据判别的结果来控制现场设备的动作。

图 3-70　机器人 CCD 视觉机床上下料工作站

常用的激光视觉主要有：点激光扫描、线激光扫描、线激光在线检测等。

（1）点激光扫描

通过机器人抓取点激光发生器，对零件进行扫描，可以精确地测距、测宽、测厚。用于机器人焊接工作站时，常用来代替接触式寻位，可以更高效地寻找焊缝的起始点位置，找出工件的偏移量，引导机器人从正确的起始点开始焊接，如图 3-71 所示。

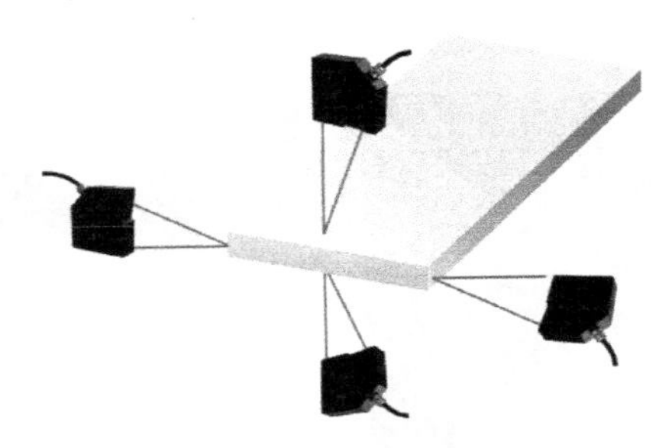

图 3-71　点激光视觉扫描示意图

（2）线激光扫描

线激光扫描和点激光扫描的区别是线激光由一排点激光组成，点激光一次扫描只能测出零件两个维度的数值，而线激光一次扫描能测出零件三个维度的数值，这样便可在计算机中直接生成三维图形文件，更快速直接地比对标准文件，判定零件是否合格。图 3-72 所示为线激光视觉扫描示意图。现在机器人上下料项目上通常会通过线激光扫描获得待上件的尺寸精度、在坐标系中的位置信息以及角度信息，从而引导机器人到达指定位置抓取物料。

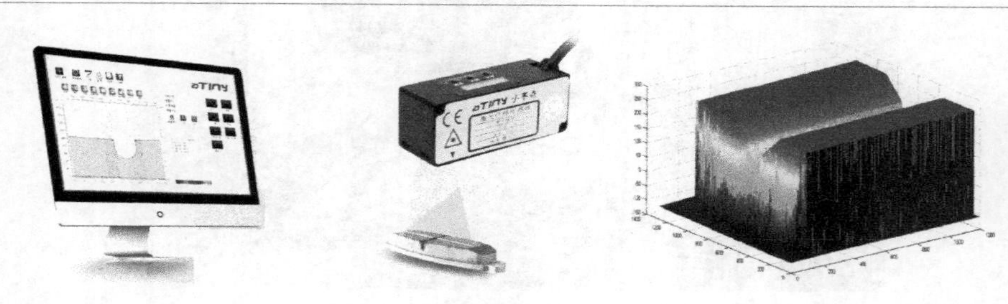

图 3-72 线激光视觉扫描示意图

（3）线激光在线检测

线激光在线检测主要用于焊接时的焊缝跟踪。在常规角焊缝中，电弧跟踪通过检测焊接时电弧到工件的弧压大小来调整焊枪的前进方向，但是如图 3-73 所示的拼接焊缝，没有坡口，零件较大，焊缝位置不够准确，厚度较薄，焊缝宽度较小，无法使用电弧跟踪，尺寸又不够精确，所以必须找到更合适的方法，引导机器人或专用伺服机构进行焊接。此时激光的优势就显现出来了，它不受焊接弧光的影响，能够实时地检测焊缝的位置，引导机器人进行焊接。

图 3-73 线激光视觉扫描引导应用

3.11.3 3D结构光视觉

近年来，3D结构光技术不断被应用在机器人工作站离散物料的拾取工作中。

3D结构光技术的基本原理是：通过近红外激光器，将具有一定结构特征的光线投射到被拍摄物体上，再由专门的红外摄像头进行采集。这种具备一定结构的光线会根据被摄物体的不同深度区域采集不同的图像相位信息，然后通过运算单元将这种结构的变化换算成深度信息，以此来获得三维结构。简单来说就是，通过光学手段获取被拍摄物体的三维结构，再将获取到的信息进行更深入的应用。

图3-74所示为3D结构光视觉扫描引导应用示例，通过结构光对离散物料进行扫描，可以知道物料在空间的位置、角度，可以引导机器人抓取物料进行搬运、分类。

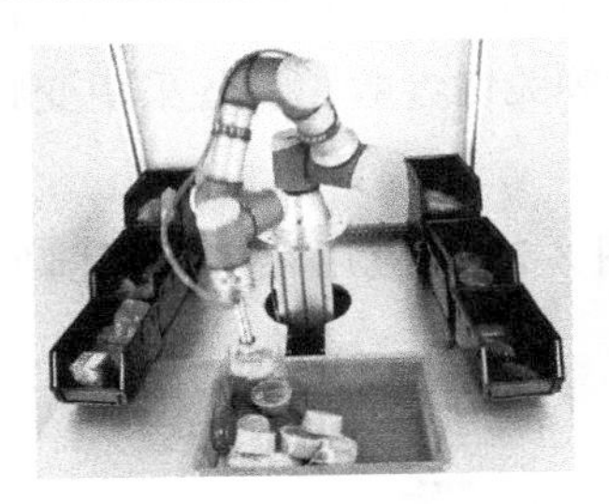

图3-74　3D结构光视觉扫描引导应用示例

随着视觉系统技术的不断发展以及计算机处理能力、处理速度的不断提升，视觉系统正在不断地被应用在更多的工业机器人工作站中。

3.12 机器人系统中常用排烟除尘系统

排烟除尘系统是指把粉尘从烟气中分离出来的设备，也叫除尘器或除尘设备。在工业机器人工作站系统中，工作时经常会产生烟气和粉尘，为了使劳动者有一个更好的生产环境，在工作站或整个车间会配备排烟除尘系统。烟雾除尘系统种类繁多，一般分为两大类，一是油雾收集器，一是烟尘颗粒净化器。总体大致可分为以下几类。

① 机械力除尘设备包括重力除尘设备、惯性除尘设备、离心除尘设备等。

② 洗涤式除尘设备包括水浴式除尘设备、泡沫式除尘设备、文丘里管除尘设备、水膜式除尘设备等。

③ 过滤式除尘设备包括布袋除尘设备和颗粒层除尘设备等。

④ 静电和磁力除尘设备。

有时也会将几种不同形式的除尘设备集中在同一设备中使用。

3.12.1 油雾收集器

设备采用三级过滤，初级过滤带有定期清洗功能，PLC 控制系统显示运行时间、滤芯状态、风量、风压、温度等关键参数。设备采用变频控制，可根据使用需求自动调整主机风量。

图 3-75 所示为油雾过滤器主机，图 3-76 为应用在机床切削加工车间中的实际案例。

图 3-75 油雾过滤器主机

图 3-76　机加工车间的油雾收集应用案例

3.12.2 集中式烟雾颗粒除尘系统

集中式烟雾除尘系统通常用于实验室整个空间的排烟除尘，或用于车间多个排烟口集中进入管道至室外集中处理设备进行除尘，如图 3-77 所示。

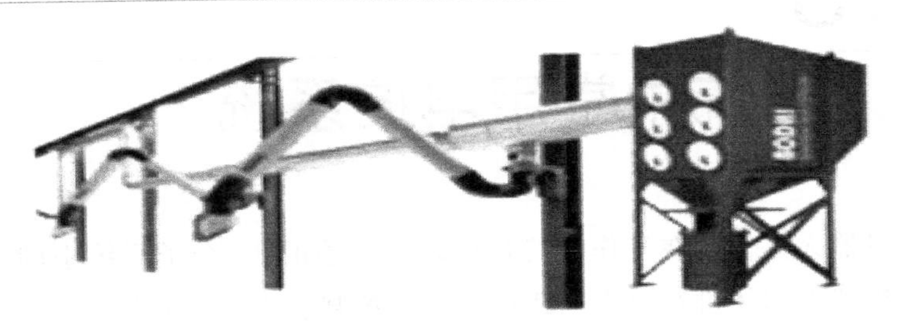

图 3-77　车间级别集中除尘系统

3.12.3 小型除尘设备

小型除尘设备多用于机器人工作站焊房的整体除尘，如图 3-78 所示，可自动收集被过滤下来的烟尘，每小时处理量可达几百立方米；在被焊、割的零部件不复杂，除烟效果要求不太严格的情况下，也常将烟雾收集口挂于机器人末端，通过管道连接至除尘设备，如图 3-79 所示。

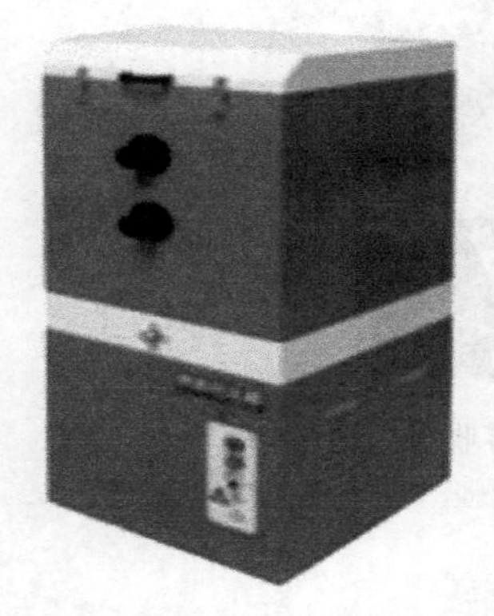

图 3-78 单工作站烟尘处理主机

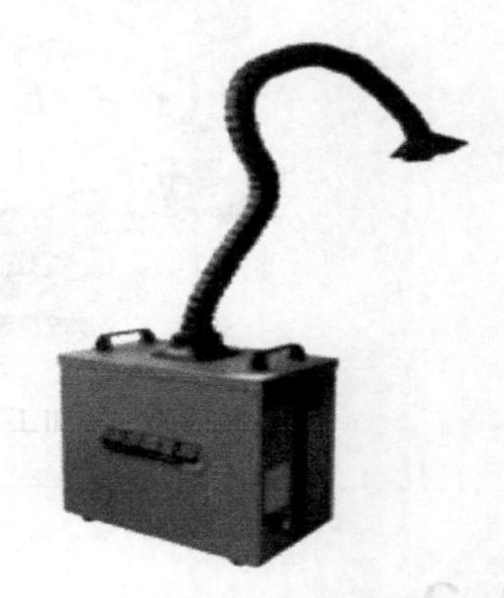

图 3-79 机器人末端连接式除尘设备

随着工业的发展和环保要求的提高，除尘设备正成为工业机器人工作站中不可缺少的一个重要设施。

3.13 机器人系统中常用电控系统

工业机器人工作站在工作时需要对以上叙述的 12 个子系统中的某一个或几个以及机器人本体进行供电、通信、逻辑控制、安全控制等。

常用的电控系统主要包含低压电器系统、PLC 控制系统、工控机控制系统等。

3.13.1 低压电器

低压电器是一种能根据外界的信号和要求，手动或自动地接通、断开电路，以实现对电路或非电对象的切换、控制、保护、检测、变换和调节的元件或设备，如图 3-80 所示。

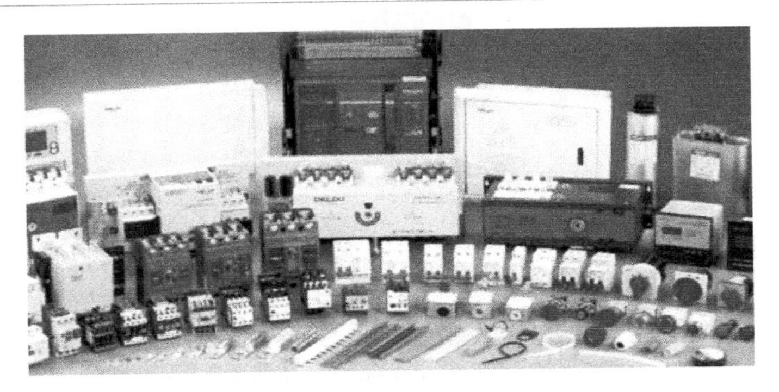

图 3-80　常用低压电器

总的来说，低压电器可以分为配电电器和控制电器两大类，是成套电气设备的基本组成元件。控制电器按其工作电压的高低，以交流 1200V、直流 1500V 为界，可划分为高压控制电器和低压控制电器两大类。在工业、农业、交通、国防以及人们生活中，大多数采用低压供电，而工业机器人工作站大部分采用 380V 交流电，如遇少量日系 220V 工业用电器产品，需要额外配置变压器。

3.13.2 PLC 控制系统

PLC 控制系统是专为工业生产设计的一种数字运算操作的电子装置，它采用一类可编程的存储器，在其内部存储程序，执行逻辑运算、顺序控制、定时、计数与算术操作等面向用户的指令，并通过数字或模拟式输入、输出控制各种类型的机械或生产过程，是工业机器人工作站控制的核心部分，基本组成示意如图 3-81 所示。

目前，PLC 控制器在国内外已广泛应用于钢铁、石油、化工、电力、建材、机械、汽车、轻纺、交通运输、环保及文化娱乐等各个行业，使用情况大致可归纳为如下几类。

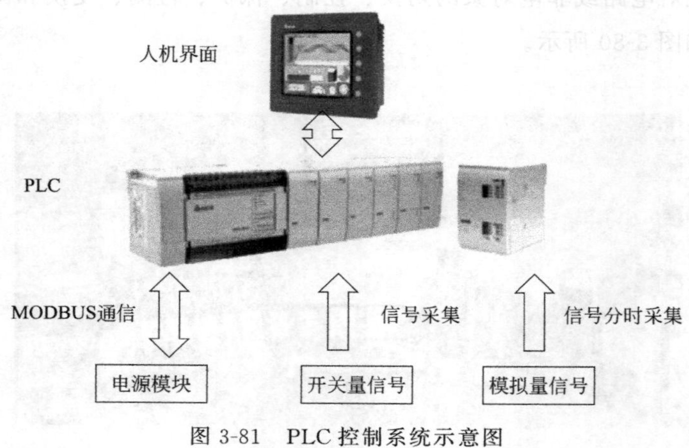

图 3-81　PLC 控制系统示意图

3.13.2.1　开关量的逻辑控制

开关量的逻辑控制是 PLC 控制器最基本、最广泛的应用，它取代传统的继电器电路，实现逻辑控制、顺序控制，既可用于单台设备的控制，又可用于多机群控及自动化流水线。

3.13.2.2　模拟量控制

在工业生产过程中，有许多连续变化的量，如温度、压力、流量、液位和速度等，它们都是模拟量。为了使可编程控制器能处理模拟量，必须实现模拟量（Analog）和数字量（Digital）之间的转换，即 A/D 转换及 D/A 转换。PLC 厂家都生产配套的 A/D 和 D/A 转换模块，使可编程控制器可用于模拟量控制。

3.13.2.3　运动控制

PLC 控制器可以用于圆周运动控制或直线运动控制。从控制机构配置来说，早期直接用开关量 I/O 模块连接位置传感器和执行机构，现在一般使用专用的运动控制模块，如可驱动步进电机或伺服电机的单轴或多轴位置控制模块。世界上各主要 PLC 控制器生产厂家的产品几乎都有运动控制功能，广泛用于各种机床、机器人、电梯等中。

3.13.2.4 过程控制

过程控制是指对温度、压力、流量等模拟量进行闭环控制。作为工业控制计算机，PLC 控制器能编制各种各样的控制算法程序，完成闭环控制。PID 调节是一般闭环控制系统中用得较多的调节方法。大中型 PLC 都有 PID 模块，目前许多小型 PLC 控制器也具有此功能模块。PID 处理一般是运行专用的 PID 子程序。过程控制在冶金、化工、热处理、锅炉控制等场合有非常广泛的应用。

3.13.2.5 数据处理

现代 PLC 控制器具有数学运算（含矩阵运算、函数运算、逻辑运算）、数据传送、数据转换、排序、查表、位操作等功能，可以完成数据的采集、分析及处理。这些数据可以与存储在存储器中的参考值比较，完成一定的控制操作，也可以利用通信功能传送到别的智能装置，或将它们打印制表。数据处理一般用于大型控制系统，如无人控制的柔性制造系统；也可用于过程控制系统，如造纸、冶金、食品工业中的一些大型控制系统。

3.13.2.6 通信及联网

PLC 控制器通信含 PLC 控制器间的通信及 PLC 控制器与其他智能设备间的通信。随着计算机控制的发展，工厂自动化网络发展得很快，各 PLC 控制器厂商都十分重视 PLC 控制器的通信功能，纷纷推出各自的网络系统。新近生产的 PLC 控制器都具有通信接口，通信非常方便。

3.13.3 工控机控制系统

工控机（Industrial Personal Computer，IPC）即工业控制计算机，是一种采用总线结构，对生产过程及机电设备、工艺装备进行检测与控制的工具的总称。工控机具有重要的计算机属性和特征，如具有计算机主板、CPU、硬盘、内存、外设及接口，并有操作系统、控制网络和协议、计算能力、友好的人机界面。工控行业的产品和技术非常特殊，属于中间产品，是为其他各行业提供稳定、可靠、嵌入式、智能化的工业计算机。

工控机控制系统最大的特点是处理能力强，可连续不间断工作。PLC 本身也具有一定的处理能力，但是与工控机相比，处理图像、整线和整厂数据的能力小很多，所以在大型生产车间数据集中处理、CCD 图像视觉、激光视觉、需要复杂程序界面的应用场合，通常会使用工控机作为 PLC 的上一级管理单元。

图 3-82 所示为工控机控制系统示意图，使用工控机对 PLC 进行控制，PLC 再对伺服电机进行运动控制，它们之间通过不同的通信协议进行握手。

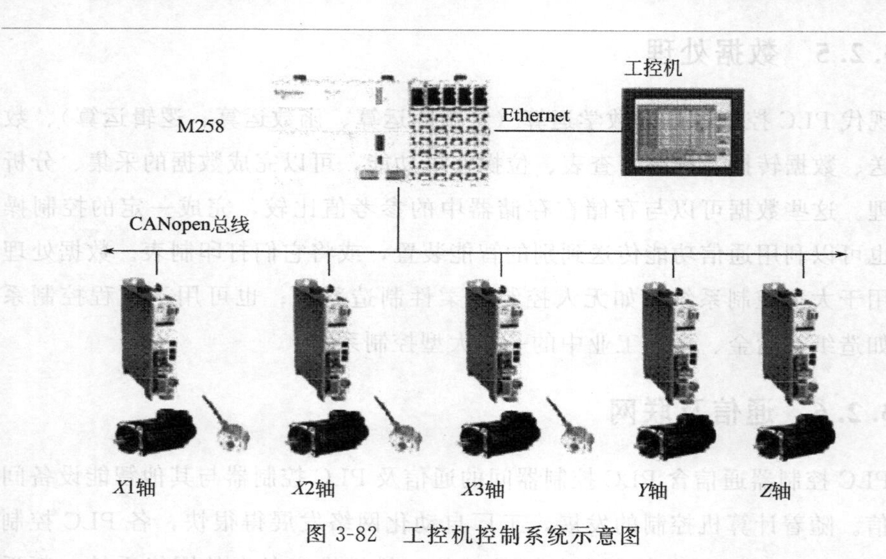

图 3-82 工控机控制系统示意图

3.13.4 通信协议

多个 PLC、工控机、机器人、焊机、激光设备、MES、外部轴伺服相连接时，需要注意不同的通信协议，现在市场上不同元器件支持的通信方式不一样，如 profibus、profinet、ethernet、ethercat、can、devicenet 等。尽管现在大多数元器件和设备在逐步向 NET 形式统一，但是仍有不少产品处于转换中，选型时需要统筹考虑。

3.13.5 安全控制

安全控制也是工业机器人作业系统中的重要一环，设计方案时需要充分考虑使用现场的各种情况，合理地使用接近传感器、光电传感器、行程开关、压力传感器、力矩传感器、安全光栅等，功能上要充分考虑多重保护和互锁等，选择元器件时要充分考虑品牌和稳定性等。

第4章

机器人作业系统中常用零部件品牌介绍

第1章和第2章介绍了机器人的品牌及机器人工作站的主要应用，第3章介绍了机器人工作站中常见子系统的用法、类型，这些子系统通常为外购的标准品，品牌众多，质量参差不齐，价格也相差很多，使用寿命也是长短不一，使用效果、调试难度差异也很大，多个重要部件之间匹配不好，容易使某些部件质量冗余，造成浪费，对企业来说还会带来成本上升、竞争力下降的后果。

不同品牌产品能够胜任的工作不一样，维护成本也不一样，给客户带来的生产效益和企业形象效应也不一样。有些品牌的某些产品系列，和竞争对手相比，不但质量好，而且价格还比对手便宜，已经形成自身的特色产品；有些品牌的产品受汽车产业的影响，大量使用，但价格十分低。工程师需要在平时项目工作中积累经验，选用时灵活掌握原则。

本章着重介绍机器人子系统的常用品牌以及匹配使用方法，减少质量冗余，不能因为一个部件品牌选择不当，而影响整体设备生产效果和设备形象。本章会综合考虑各品牌的形象、质量、使用感受、售后服务、价格等多方面因素，然后进行综合评价，按照五星制打分，分数相近的档次进行匹配使用，章末会重点举例介绍匹配原则。

4.1 移动及变位系统中常用标准件品牌

在机器人工作站的移动及变位机系统中，常用的外购件有线性导轨、滚珠丝杠、RV 减速器、谐波齿轮减速器、行星减速器、普通各型号减速电机、齿轮齿条等。

4.1.1 线性导轨及滚珠丝杠品牌

线性导轨和滚珠丝杠的品牌有很多，如日本 THK、中国上银（HIWIN）、日本 NSK、中国银泰（PMI）、德国力士乐（REXROTH）、中国 TBI、中国南京工艺等。常用线性导轨及滚珠丝杠品牌及特点见表 4-1。

表 4-1　常用线性导轨及滚珠丝杠品牌及特点

品牌	品牌星级	标识	特点
日本 THK	(★★★★★)	THK	各种类型的线性导轨和滚珠丝杠已经成为各种行业中的机械和电子系统不可或缺的组件。THK 开发了许多其他独特的机械组件，包括滚珠花键、滚珠丝杠和连杆球，这些组件由日本进行制造，并提供给世界各地的客户。 日本 THK 解决了一度被认为难于解决的滚动接触直线运动问题，开发了直线运动(LM)导轨并使之商业化。该系统还被应用于液晶生产线、铁路客车、残疾人辅助车辆、医疗设备、摩天大楼和住所以及娱乐设施中。滚动导轨的使用范围也已突破了以前的限制
中国上银(HIWIN)	(★★★★☆)	HIWIN® Linear Motion Products & Technology	中国台湾上银集团成立于 1989 年，坐落于中国台湾的台中工业区内，是中国台湾少数几家合格供货商之一。拥有恒温、恒湿以及防震的厂房设施，以符合超高精密级机械组件的制造环境。集团主要的产品包括：超高精密级滚珠螺杆、精密级线性滑轨、精密线性模块、精密线性模组、精密级线性轴承、线性致动器、线性马达、平面马达及驱动器、磁性尺测量系统、智能型滑轨、线性马达驱动 X-Y 平台、线性马达龙门系统等。 生产的关键性产品主要应用于生物科技、半导体工业、3C 产业、医疗器材业、自动化工业、精密工具机、产业机械业、停车场设备等领域

续表

品牌	品牌星级	标识	特点
中国银泰(PMI)	(★★★★)	PMI Linear Motion Systems	中国台湾银泰成立于1990年,主要生产滚珠丝杠、直线导轨和线性模组,精密机械关键性零部件,主要用在机床、放电加工机、线切割机、塑胶注塑机、半导体设备、精密定位设备及其他各式设备与机器上
中国TBI	(★★★★)	TBI TBIMOTION	TBI MOTION为中国台湾传动元件专业制造厂,拥有多项产品设计专利并且通过ISO9001认证。 TBI MOTION产品线齐全,主要产品有滚珠丝杠、线性滑轨、滚珠花键、旋转式滚珠丝杠、花键、单轴机器人、直线轴承、联轴器、滚珠丝杠支撑座等。产品的应用范围非常广泛,如应用于自动化、半导体、医疗、新能源设备、工具机械、机器人、自动仓储系统等相关行业。TBI MOTION在各个应用领域均有优异的成绩,同时提供客户技术支持、产业分析等差异化服务以满足客户需求
中国南京工艺	(★★★☆)	南京工艺 NANJING TECHNICAL	南京工艺装备制造有限公司在滚动功能部件领域潜心研究,积累了50余年的经验。 公司建有滚动功能部件全性能实验室,并构筑了完备的设备保障体系,拥有一批国际先进、国内领先的精良装备,建成了高精度可互换导轨加工生产线。公司产品被国内各大主机厂高速、高精中高档数控机床大批量配套应用,推进了国产滚动功能部件的提档升级和替代进口

线性导轨及滚珠丝杠行业主要被日本企业及中国台湾企业垄断，欧洲的部分品牌由于价格和货期的原因，在国内市场推广并不好，国产的线性导轨和滚珠丝杠一直在做，但是很少有形成品牌、口碑的产品，产品主要集中在低端的轧制线性导轨和滚珠丝杠，附加值较低。近年来，只有中国南京工艺装备研究所在市场上发力，推出了和中国台湾企业、日本企业相竞争的产品。

4.1.2 RV减速器品牌

随着智能制造浪潮的到来，工业机器人日益成为我国最热门的行业之一。

而作为机器人核心零部件之一的RV减速器也逐渐受到国内外的广泛关注。RV减速器由一个行星齿轮减速器的前级和一个摆线针轮减速器的后级组成，RV减速器结构紧凑、传动比大，并在一定条件下具有自锁功能，是最常用的减速器之一，而且振动小，噪声低，能耗低。常用RV减速器品牌及特点见表4-2。

表4-2　常见RV减速器品牌及特点

品牌	品牌星级	标识	特点
日本纳博特斯克(Nabtesco)	(★★★★★)	Nabtesco High Performance Motion Control	纳博特斯克于2003年9月成立，实际上，它是由帝人精机和纳博克这两家日本公司强强合并组成。在工业机器人关节部分用精密减速器领域，Nabtesco(纳博特斯克)占全球市场份额的60%。 作为运动控制系统和零部件的生产商，帝人精机和纳博克这两家公司都在其特定的业务领域掌握了高端核心技术，控制了很高的市场份额。2003年，帝人精机和纳博克合并组成纳博特斯克公司，目前已发展为RV减速器行业的领头羊，占据了60%以上的市场，特别在中、重负荷机器人上，其RV减速器市场占有率高达90%
中国秦川机床	(★★★☆)	QCMT&T 秦川机床工具集团股份公司	秦川机床拥有50余年齿轮传动产品研发、设计、制造、检测和试验经验，50余年精密齿轮磨床的研发制造经验和铸造、材料、热处理方面的历史积淀，并开发了一系列针对机器人减速器关键零件加工的专用设备，为GE、三菱、东芝、蒂森克虏伯、迅达等世界知名厂商提供产品及服务。 为了满足用户对机器人减速器产品的个性化需求，秦川机床正在与德国博世公司合作，从设计、制造、管理、网络等方面进行基于工业4.0的机器人减速器产品数字化车间的建设。数字化车间建设完成后，将会根据用户提供的载荷谱及安装结构等个性化信息，通过正向设计系统、数字化加工及装配、测试系统为用户提供“实物+数据包”的减速器产品
中国南通振康	(★★★☆)	振 ZK 康® 南通振康机械有限公司	南通振康公司是中国电焊机行业送丝机、焊接小车生产、销售的龙头企业。2010年起，公司研制开发的可用于机器人传动的高精度核心部件RV

续表

品牌	品牌星级	标识	特点
中国 南通振康	(★★★☆)	南通振康焊接机电有限公司	减速器已投入批量生产，并获得了广泛认可；2015 年公司承担了国家高技术研究发展计划(863 计划)——机器人 RV 减速器研制及应用示范技术项目。 在产品研发方面，南通振康焊接机电有限公司现在已经自主研发出了 RV-E 系列减速器、RV-C 系列减速器、RV-N 系列减速器等系列产品
中国 山东帅克	(★★★☆)	SK SHUAIKE 帅克机器人	山东帅克机械制造股份有限公司(改制前名称为“潍坊帅克机械有限责任公司”)成立于 2005 年。公司主要从事焊接、切割、搬运、码垛、喷漆、机床上下料机器人，谐波减速器，RV 减速器，机器人系统集成设备等产品的研发、生产、销售。产品的关键技术指标为：传动效率＞85%，空程齿间隙＜0.8arcmin，运动误差＜0.8arcmin

除了日本的纳博特斯克，国外还有一些 RV 减速器的生产企业，如日本住友、斯洛伐克 Spinea、韩国赛劲（SEJIN）等，但市场占有率都比较小。

近些年来，国内关于 RV 减速器尚无成熟制造工艺可借鉴，导致国产 RV 减速器一直是制约国产机器人行业发展的短板。

4.1.3 行星减速器品牌

行星减速器是一种传动机构产品，由一个安装于齿轮箱体壳上的内齿圈，一个由外部动力驱动的位于齿圈中心的太阳齿轮以及介于两者之间的行星齿轮组构成，该行星齿轮组由三颗均布于行星架上的齿轮组成，该组行星齿轮啮合出力轴、内齿圈及太阳轮，当入力侧动力驱动太阳齿时，可带动行星齿轮自转，使三个行星轮同时绕着太阳轮公转，并带动行星轮架旋转，从而给出力轴输出动力。常见行星减速器品牌及特点见表 4-3。

表 4-3 常见行星减速器品牌及特点

品牌	品牌星级	标识	特点
德国 阿尔法 (alpha)	(★★★★★)	德国阿尔法 alpha	德国 Wittenstein 是专业从事高精密、高刚性行星减速器研制的世界著名公司,其旗下的阿尔法生产的齿轮箱品种多,规格细,用途广。阿尔法齿轮箱可用于精密数控机床、加工中心、包装机械、注塑机、机器人机械手、自动化生产线、自动化装配线、高档电梯、豪华舞台、印染设备、商标印刷机、雷达等中。精度高,扭转刚度高,可靠性高,噪声低,寿命长,免维护等,是阿尔法产品的特色
中国 精锐 (APEX)	(★★★★☆)	APEX	中国台湾精锐的减速器产品是针对高性能设备的需求来设计的,当需要将马达转速降低、输出扭矩提高且将动力完整地传送至应用端时,伺服用齿轮具有多个优点:于伺服控制应用上,发挥了良好的伺服刚性效应,准确地精密定位控制,在运转平台上具备了低背隙、高效率、高输入转速、高输入扭矩、运转平顺、低噪声等特性;于外观及结构设计上,也力求轻薄短小、紧凑并轻量化,允许伺服马达在更高、更有效率的情形下运转,减小其回馈的负载惯量,增加输出的扭矩。 伺服用齿轮减速器广泛用在航天设备、半导体设备、工具机、包装设备、自动化设备、产业用机器人、医疗检验设备、精密测试仪器等中
德国 NEUGART	(★★★★☆)	NEUGART	德国 NEUGART 公司是世界专业的减速器生产厂商,公司成立于 1928 年,创立之初主要生产精密齿轮,为瑞士钟表和精密仪器配套使用,1975 年开始生产行星减速器。由于中国传动产业有良好发展前景,NEUGART 公司于 1996 年进入中国市场,成为最早进入中国市场的德国行星减速器生产厂商之一
日本 新宝 (SHIMPO)	(★★★★☆)	日本電産(Nidec)グループ SHIMPO	SHIMPO 是 1952 年在京都作为日本初期"变减速器"厂家诞生,经过技术的磨炼,不断开发出新技术、新产品。 SHIMPO 减速器拥有高精度、超静音、长寿命、不漏油、大扭矩等特点,已被日本、中国切割机行业广泛采用

续表

品牌	品牌星级	标识	特点
中国 纽氏达特 (NEWSTART)	(★★★☆)	NEWSTART 紐氏達特	纽氏达特行星减速器有限公司生产基地位于中国山东半岛的淄博高新技术产业开发区，拥有大量进口加工中心、车削中心、全自动数控滚齿机、插齿机、磨齿机和真空离子氮化技术及先进的装配线。其生产的每一个零件都经过精雕细琢，有完善的模块化结构，具有超低音、高精度、大扭矩、长寿命的特点。其生产的减速器适配日本安川、松下、三菱、富士、中国台湾东元等任意厂商的伺服马达
中国 中大电机	(★★★☆)	ZD 中大电机 ZHONGDA MOTOR	宁波中大璟丰传动设备有限公司(中大电机)成立于2003年，由多位自动化行业资深人士共同投资组建，位于中国浙江省宁波市江北区电商产业园。 中大电机是集科、工、贸于一体的自动化公司，是一家专业从事国内及进口自动化产品生产销售及系统集成的供应商，能很好地为客户提供全方位和多元化的服务

4.1.4 谐波减速器品牌

谐波减速器也是机器人领域常用的一种减速器，主要由波发生器、柔性齿轮、柔性轴承、刚性齿轮四个基本构件组成。谐波传动减速器是一种通过波发生器装配上柔性轴承，使柔性齿轮产生可控弹性变形，并与刚性齿轮相啮合来传递运动和动力的齿轮传动。常见谐波减速器品牌及特点见表4-4。

表4-4　常见谐波减速器品牌及特点

品牌	品牌星级	标识	特点
日本 哈默纳克 (Harmonic)	(★★★★★)	HD SYSTEMS	日本HDSI公司是整体运动控制的领军企业，其生产的谐波减速器具有传动比范围大、啮合齿数多、承载能力大、运动精度高、运动平稳、无冲击、噪声小、齿侧间隙可以调整、结构简单、体积小、重量轻、传动效率高、同轴性好、可实现高增速运动等特点。

续表

品牌	品牌星级	标识	特点
日本 哈默纳克 (Harmonic)	(★★★★★)	HD SYSTEMS	谐波减速器主要用于各类轻型工业机器人、机械臂、印刷机械、造纸机械、医疗机械、测量仪器、分析仪器、试验机器、大型望远镜、精密包装机械、半导体制造装置、FPD制造装置、通信装置、航空航天机器、数控机床、雷达、多种卫星地面站等对体积有要求的精密传动系统。 谐波减速器可实现向密闭空间传递运动及动力。采用密封柔轮谐波传动减速装置可以驱动工作在高真空、有腐蚀性及其他有害介质空间的机构，谐波传动这一独特优点是其他传动机构难以比拟的。在低减速比领域，HD-SI公司开发的精密行星齿轮减速器，凭借独特的内齿圈形变工艺，消除了行星齿轮啮合间的背隙，实现了高精准传动
苏州绿的 (leaderdrive)	(★★★★☆)	leaderdrive 绿的谐波	苏州绿的谐波传动科技股份有限公司是一家专业从事精密谐波传动装置研发、设计和生产的高新技术企业。公司从2003年开始从事机器人用精密谐波减速器研发。 绿的生产的谐波减速器具有高可靠性、高精度、大扭矩、大速比、小体积等特性，广泛应用于航空航天、机器人、数控机床、半导体制造、精密机械驱动控制等领域，特别是在对减速器有高精度、低转速、大扭矩等特殊要求的工业机器人行业尽显技术优势

4.1.5 普通减速器品牌

减速器是一种由封闭在刚性壳体内的齿轮传动、蜗杆传动、齿轮-蜗杆传动组成的独立部件，常用作原动件与工作机之间的减速传动装置。在原动机和工作机或执行机构之间起匹配转速和传递转矩的作用，在现代机械、机器人工作站中应用极为广泛。常见普通减速器品牌及特点见表4-5。

表 4-5 常见普通减速器品牌及特点

品牌	品牌星级	标识	特点
德国SEW	(★★★★★)	SEW EURODRIVE	德国SEW传动设备公司成立于1931年，是专业生产电动机、减速器和变频控制设备的跨国性国际集团。SEW产品广泛应用于轻工、化工、建筑建材、钢铁冶金、环境保护、煤炭矿业、汽车工业、港口建设等各大领域，成为多项国家重点工程项目的首选品牌
德国诺德(NORD)	(★★★★★)	NORD	德国诺德集团成立于1965年，以专业生产和销售优质减速器、电机、变频器及伺服控制系统闻名于世。NORD集团先后在北京、苏州、天津等地投资建设了现代化组装及生产基地
中国南高齿(NGC)	(★★★★☆)	NGC	南京高精传动设备制造集团有限公司，简称南高齿。 经过多年的发展，南高齿已形成风力发电、轨道车辆、工业装备三大业务格局，旗下品牌"NGC"是中国名牌及江苏省重点培育和发展的国际知名品牌
中国杰牌	(★★★★☆)	JIE ASIADRIVE	创立于1988年的杰牌控股是涉足传动设备和建设机械两大领域的现代化企业，旗下拥有杭州万杰减速机有限公司（主打产品为蜗杆减速器、电动机），杭州杰牌传动科技有限公司（主打产品为齿轮减速器）。公司采用全套欧美进口设备及工艺，严格按照行业标准向国内外客户提供各类优质工业减速器、减速电机及塔式起重机
中国泰隆	(★★★★)	泰隆TL®	江苏泰隆减速机股份有限公司的主打产品——减速器有十几个系列、几十万种规格，风电齿轮箱、水力发电变速装置等高新技术产品、各类特殊非标齿轮箱占销售总额的80%，核电齿轮箱填补了国内空白。 泰隆的产品成功应用于中华世纪坛、三峡大坝、杭州湾跨海大桥、北京奥体馆、上海世博会园区等国家重点工程。重点客户有宝钢集团、首钢集团、上海振华港机、海螺水泥、中联重科、中国石化、卫华集团、葛洲坝集团、中国铝业、三一重工等

续表

品牌	品牌星级	标识	特点
中国国茂	(★★★☆)	GUOMAO 国茂	江苏国茂减速机股份有限公司位于江苏省常州市武进国家高新区，是中国通用机械工业减变速器行业的标杆型专业制造服务企业。 国茂股份拥有行业领先的系列产品覆盖率，产品有标准、专用、大中型非标、新品、高精密传动等十几个系列上万个品种，纵深进入到了冶金、矿山、物流、化工、建筑、粮食机械、纺织、能源、制药、环保、电力、海洋工程、船舶、钻井平台、农田水利、轨道交通、港口码头等领域，并不断成功将业务拓展到东南亚、欧美等海外市场

4.1.6 齿轮齿条品牌

齿轮齿条传动在工厂自动化中具有广泛的应用，比如用在自动上下料的桁架机器人、堆垛机械手、物料搬运装置等中，其具有承载力大、精度较高等优点，对于长行程应用来说，相比于同步带和滚珠丝杠，齿轮齿条是一种极为适合的选择，其通过拼接几乎可以得到任意长度的行程。滚轮直线导轨通过拼接也几乎可以得到任意长度的行程。在工厂自动化设备中，可以经常看到齿轮齿条和滚轮导轨一起配套使用。滚轮导轨可配独立的齿条，也可在滚轮导轨上直接加工出齿条成为齿条导轨。

齿轮齿条在行业内的知名生产企业有亚特兰大、APEX、YYC 等。

4.2 机器人弧焊系统品牌

4.2.1 焊接电源品牌

弧焊焊接电源是指气体保护焊的电源，其采用平特性或缓降外特性，将常规工厂电压调节成弧焊适合的弧焊空载电压，一般为38～70V。常见焊接电源品牌及特点见表4-6。

表 4-6　常见焊接电源品牌及特点

品牌	品牌星级	标识	特点
奥地利伏能士焊机（Fronius）	（★★★★★）	Fronius SHIFTING THE LIMITS	伏能士智能设备(上海)有限公司(即伏能士中国)，是奥地利伏能士(Fronius International GmbH)在华唯一子公司，其在上海的焊接技术业务部于2013年1月正式成立，公司的焊接产品自1992年开始在中国以福尼斯品牌进行销售。主要产品为电弧焊机、手工焊、MIG/MAG气保焊、氩弧焊、自动化焊接、激光焊接、电阻焊接、等离子焊接及其他各种焊接配件。伏能士是全球机器人电弧焊重要解决方案供应商。其产品覆盖汽车及其零部件制造、机器人制造及系统集成、钢结构制造、发电站建设、轨道车辆建设、商用车辆及农用机械、工程建设等主要工业领域
美国林肯焊机（LINCOLN）	（★★★★☆）	LINCOLN ELECTRIC	林肯焊接电源是由美国林肯电气公司生产的一种焊接设备，操作简单、坚固耐用、性价比高。主要应用在管道焊接、造船工业中的焊接、不锈钢焊接以及双相钢和Cr-Mo耐热钢焊接中。 林肯焊机是一种通用的、多用途、多功能焊接电源，重量轻，携带方便。该机有工地用机型、工厂用机型、优化型机型以及带有托架的工厂用机型，无论在工厂还是在建筑施工现场，都可以进行各种焊接操作。它能进行手工焊接、直流TIG焊接、MIG焊接、脉冲MIG焊接、药芯焊丝焊接和碳弧气刨，是同类产品中最通用的逆变焊接电源
中国麦格米特焊机（MEGMEET）	（★★★★）	MEGMEET 麦格米特	深圳麦格米特电气股份有限公司成立于2003年，以电力电子及工业控制技术为核心，业务涵盖智能家电、工业自动化、定制电源三大领域，产品广泛应用于平板显示、智能家电、医疗、通信、IT、电力、交通、节能照明、工业焊接、工业自动化、新能源汽车等各大行业。为全球制造业推出了全数字逆变熔化极工业重载多功能气体保护焊机

续表

品牌	品牌星级	标识	特点
中国 奥太焊机	(★★★☆)	AOTAI 奥太	山东奥太电气有限公司是面向全球的工业焊割设备制造高新技术企业，为客户提供逆变焊机、切割机、自动焊、光伏并网逆变器等设备及应用解决方案，可满足船舶、机械、钢构、冶金、石化等不同行业的焊割需求。 直流弧焊ZX7系列、PULSE脉冲弧焊系列、NBC是目前奥太弧焊系列的主要产品

以上四种电源是目前国内常用的电源品牌，品牌定位和价格由高到低，其他国内外品牌产品大都对标这些品牌产品。

4.2.2 送丝机、防碰撞传感器、焊枪、清枪站品牌

送丝机因为和电源通信关系紧密，一般电源厂家都会有配套送丝机。防碰撞传感器、焊枪、清枪站一般由同一个厂家供应。常见品牌及特点见表4-7。

表4-7 常见送丝机、防碰撞传感器、焊枪、清枪站品牌及特点

品牌	品牌星级	标识	特点
奥地利 伏能士 (Fronius)	(★★★★★)	Fronius SHIFTING THE LIMITS	伏能士焊枪是伏能士弧焊系统的重要组成部分，主要部件是安装在焊枪手柄处的牵引装置的马达，它是由伏能士自主研发的。无刷伺服电动机不仅变得更具动力，而且能实现比行业中常使用的标准直流电动机更精准的控制，且更加精巧，使用寿命更长。该电机还首次配置了实际值提取功能，并通过高速总线连接到电源，这意味着先前需手动进行的两台推拉式系统送丝机马达的同步现在完全实现自动化了
德国 宾采尔 (BINZEL)	(★★★★☆)	ABICOR BINZEL®	宾采尔于1945年在德国吉森成立，宾采尔广州焊接技术有限公司是德国宾采尔集团在中国的独资公司，专业生产和销售MIG/MAG气体保护焊枪、TIG氩弧焊枪、自动焊接焊枪、机器人焊枪、激光焊接头、焊接铝材自动高级送丝装置、清枪、防飞溅剂、水箱等焊接设备及导电嘴、喷嘴、送丝软管、送丝轮、送丝马达等焊接配件

续表

品牌	品牌星级	标识	特点
德国 TBi	(★★★★☆)	TBi Industries	德国 TBi Industries GmbH 是由宾采尔家族创立的，也是当前国际流行的一体化气体保护焊枪的创始者，由其研发的行星轮推拉丝系统、机器人焊枪等产品均代表着同行业的最高水准。 国内公司于 2003 年底在济南注册成立，标志着 TBi 焊枪品牌全面登陆中国，国内用户可以方便地采购到 TBi 品牌焊枪，并享受 TBi 公司的优质服务。 TBi 高强度机器人焊枪系统已与 KUKA、MOTOMAN、ABB、FANUC、REIS、PANASONIC、OTC、KOBELCO 等机器人成功配套了多个汽车、重卡、工程机械、钢结构以及铝制品焊接项目。TBi 每年仅国内机器人焊枪销量就有 2000 多套，在中国重工行业市场占有率达 80%，已被众多的汽车零部件厂和整机厂作为标配焊枪

国产其他焊枪、碰撞传感器、清枪站都有不少公司在研发生产，也逐渐形成了一些有一定技术积累的公司，产品也逐步在市场上推广应用。

4.3 机器人切割下料系统品牌

常用的机器人切割下料方法有等离子切割、激光切割，现就等离子电源、激光器及激光集成设备的知名品牌作简要介绍。

4.3.1 等离子切割电源及配件品牌

等离子切割是利用高温等离子电弧的热量使工件切口处的金属局部熔化或蒸发，并借高速等离子的动量排除熔融金属以形成切口的一种加工方法。常见等离子切割电源及配件品牌及特点见表 4-8。

表 4-8 常见等离子切割电源及配件品牌及特点

品牌	品牌星级	标识	特点
美国 海宝 (Hypertherm)	(★★★★★)	Hypertherm SHAPING POSSIBILITY	1968 年，海宝创始人 Dick Couch 及其同事 Bob Dean 发现了一种能够形成更窄等离子弧的方法，该方法能够以前所未有的速度和精度切割金属。HyPerformance 高性能等离子切割系统在进行 x-y、坡口和机器人切割及打标作业时有很高的生产效率，可切割厚达 160mm 的金属材料。该系统集众多优势于一身：切割速度更快，工艺周期短，工艺转换快，性能可靠耐用，可在提高切割产能的同时，显著降低运行成本
美国 飞马特 (VICTOR)	(★★★★☆)	VICTOR TECHNOLOGIES	飞马特集团公司总部设在美国密苏里州圣路易斯，由具有悠久历史、享誉全球盛名的众多知名企业构成，以生产焊接与切割设备驰名全球。飞马特集团公司产品线包括乙炔焊接切割枪和调压计、机用和手动等离子弧切割焊接系统、电弧焊接电源、硬面堆焊和焊接合金、各种手动及半自动电弧焊枪、喷嘴和配件以及高压气体控制设备。飞马特集团公司产品应用领域广，涉及运输业、采矿业、能源开采业及制造业
中国 成都华远	(★★★★)	华远焊机 HUAYUAN WELDER	成都华远电器设备有限公司是一家集电弧焊机、自动焊割设备的研发、生产、销售、服务于一体的高新技术企业。公司创建于 1993 年，总部位于成都市武侯科技园，经过多年的技术沉淀和运营积累，已成功研制以“华远焊机”为品牌的手工焊、气保焊、氩弧焊、埋弧焊、螺柱焊、电渣焊、等离子切割机、数控切割机、焊接中心等 30 多个系列 200 多种型号，年产 10 万余台，现为中国规模最大的焊割设备制造商之一

4.3.2 激光切割品牌

随着激光技术的不断发展，激光应用已经渗透到科研、产业的各个方面，在汽车制造、航空航天、钢铁、金属加工、冶金、太阳能以及医疗设备等领域都起着重要作用。常见激光切割品牌及特点见表 4-9。

表 4-9 常见激光切割品牌及特点

品牌	品牌星级	标识	特点
美国 IPG	(★★★★★)	IPG PHOTONICS	IPG 是全球最大的光纤激光制造商，其生产的高效光纤激光器、光纤放大器以及拉曼激光技术均为世界的前端科技。 其总部设在美国东部麻省，拥有国际领先水平的光纤激光研发中心，主要生产基地分布在德国、美国、俄罗斯、意大利，销售及服务机构分布在中国、英国、印度、日本等。IPG 光子的高、中、低功率激光器和放大器产品被广泛地用于材料加工、通信、医学和高端领域
德国通快(TRUMPF)	(★★★★★)	TRUMPF	1923 年成立至今，通快在工业用激光及激光系统领域处于技术及市场的领先地位。从加工金属薄板和材料的机床到激光技术、电子、医疗技术，通快正以不断的创新引导着技术发展趋势。通快正在建立新的技术标准，同时致力于开辟更多更新的产品给广大用户。如钣金加工产品(包括激光切割、折弯设备)，冲床和 OEM 激光器。 通快中国有限公司是通快集团下属的五十多个子公司之一，自 2000 年开始在中国直接投资，先后在江苏太仓与广东东莞投资了四家生产化企业，生产数控钣金加工机床与医疗设备等
中国大族激光	(★★★★)	大族激光 HAN'S LASER	大族激光 1996 年创立于中国深圳，自创立以来一直保持着强大的竞争力，公司实力雄厚，其旗下多个子公司销售激光切割机设备。公司研发实力雄厚，拥有数百人的研发队伍，具有多项国际发明专利和国内专利、计算机软件著作权，是世界上仅有的几家拥有“紫外激光专利”的公司之一。在强大的资金和技术平台支持下，公司实现了从小功率到大型高功率激光技术装备研发、生产的跨越发展，为国内外客户提供整套激光加工解决方案及相关配套设施

在时代前行的浪潮中，新技术替代旧设备，更高性价比的产品替代昂贵的进口货，这些都是不可扭转的趋势。近年来，中国的等离子切割、激光切割技术有了突破性发展，并朝着高功率、高精度、智能化、数字化、三维切割的方向挺进。

4.4 机器人喷涂点胶系统品牌

喷涂点胶行业是一个比较特殊的行业，不管是供胶设备、喷涂点胶枪还是涂料胶水原材料，高端市场都被国内外巨头垄断，普通喷涂点胶门槛不高，但是做精做细很难。常见机器人喷涂点胶系统品牌及特点见表4-10。

表4-10 常见机器人喷涂点胶系统品牌及特点

品牌	品牌星级	标识	特点
美国 诺信 (Nordson)	(★★★★★)	Nordson	诺信有限公司成立于1954年，总部位于美国俄亥俄州，是研制、生产和销售粉末、油漆等精密喷涂设备，冷、热、发泡、密封、反应型等黏合剂涂布设备和其他专业工业设备的著名跨国公司，同时也生产高科技的UV固化和表面处理系统。半个多世纪以来，诺信技术领先的产品被广泛应用于全世界的各行各业，其粉末、油漆和罐装喷涂设备在市场上占有举足轻重的地位，是全球喷涂设备的领导者。 诺信早在1984年就进入了中国市场。随着中国业务的快速发展，1995年8月，诺信有限公司在上海金桥出口加工区成立了它的全资子公司——诺信中国有限公司，成为中国第一家外商独资的喷涂设备制造商，并分别在北京和广州设立了分支机构
美国 固瑞克 (GRACO)	(★★★★☆)	GRACO	GRACO为美国品牌，是建筑业、制造业、加工业和维修行业中流体处理优质柱塞泵、隔膜泵和喷涂设备生产商的领军者。GRACO总部位于美国明尼苏达州明尼阿波利斯市，为世界各地客户提供创新产品，并为喷浆整理、喷漆循环、润滑剂、密封剂和黏合剂分配、过程应用提供解决方案

续表

品牌	品牌星级	标识	特点
美国 PPG	(★★★★★)	PPG	PPG工业公司始建于1883年，总部设在美国匹兹堡市，是全球性的制造企业，生产及经营涂料、玻璃、玻璃纤维及化学品，位居世界行业先导地位。PPG工业是美国财富500强企业，在全球近70个国家设有生产基地及附属机构，共有30000多名员工，是世界领先的交通工具用漆、工业、航天和包装用涂料制造商。PPG每年投资上亿美元开发、改进产品、程序，并研发最新技术以适应市场的需求
德国 汉高(Henkel)	(★★★★★)	Henkel	德国汉高于1876年9月创立，拥有140多年的历史，业务遍及欧洲、北美洲、亚洲和拉丁美洲，在近75个国家生产经营1万余种民用和工业用产品。汉高四大业务领域为：洗涤剂及家用护理、化妆美容用品、黏合剂和喷涂印刷涂料。 黏合剂业务于1988年进入中国市场，其产品广泛应用于通用工业、民用和工业黏合剂行业、汽车行业、金属工业、航天行业及电子行业，为全球客户在世界各地提供全球统一品质的产品和量身定做全面的工艺解决方案，最知名的黏合剂品牌为“乐泰”，现在业务也逐渐扩展到喷涂涂料、印刷涂料行业

以上介绍了喷涂点胶设备行业的领军者，也是通常使用的原材料的行业领军者，除这几家巨头之外，设备商克姆林（Kremlin）、泰坦（Titan）等，涂料供应商阿克苏、立邦、嘉宝莉、三棵树等知名企业都在行业内占有一定的市场份额。

4.5 机器人系统常用输送线设备品牌

输送线设备是机器人工业系统中最常用的部分，大部分项目中的输送线都为自制产品，通常使用起来没什么问题，但是当涉及特殊的、大型的输送线设备时，建议工程师可以多参考下面介绍的全球最顶尖的两家输送线供应商的技术解决方案，在成本允许的情况下多选择这两家企业的链板、链轮等配件，甚至在大型整场输送线项目中可以考虑合作、整体采购，以减少在输送线这类辅助设备上的调试时间。机器人系统常用输送线设备品牌及特点见表 4-11。

表 4-11 机器人系统常用输送线设备及特点

品牌	品牌星级	标识	特点
美国 英特乐 (intralox)	(★★★★★)	intralox	作为模塑传送带的领先生产商，英特乐能为几乎所有类型的输送机提供高质量的专业解决方案。英特乐传送带在性能和可靠性方面为各种应用和行业树立了标准。 模塑传送带比金属、织物或橡胶传送带更具优势，传送带使用寿命更长，磨损更低，清洁和维护更简单，产品耗损或污染的风险更低，工人的安全性更高，不需要润滑油或张紧。 英特乐可提供数百种传送带系列组合，覆盖 40 多个传送带系列，并可提供分瓣链轮和整体式链轮以及定制轴，可提供的附件包括挡板、侧板、耐磨条、定位环和梳形传送板
美国 莱克斯诺 (REXNORD)	(★★★★★)	REXNORD	美国莱克斯诺工业集团始于 1892 年，总部位于美国威斯康星州密尔沃基市，是全球领先的工业品制造集团。 莱克斯诺链板和输送配件广泛用在饮料业的码堆机、贴标机、罐装机、巴氏杀菌机，汽车业的橡胶加工、轮胎输送，水果、蔬菜、焙烘和甜点蜜饯行业的加热机、清洗机、洗盘机、冷却机和加工线，肉类、家禽和海鲜的去骨、分级和清理行业的 Microban 抗菌保护的模块化输送带中，还用于制药、电池制造、纸张和硬纸板生产等多个领域

4.6 机器人系统常用气动产品品牌

气动产品正日益成为现代工业产品的重要组成部分，气动产品用空气作介质，空气黏度小，取之不尽，来源方便，用后直接排放，不污染环境，不需要回气管路，因此管路不复杂，管路流动能量损耗小，适合集中供气远距离输送，安全可靠，不需要解决防火防爆问题，能在高温、辐射、潮湿、灰尘等环境中工作。气动产品的品牌企业众多，有些成为综合性的企业，有些则在某些专用产品上有较大突破。机器人常用气动产品品牌及特点见表 4-12。

表 4-12　机器人常用气动产品品牌及特点

品牌	品牌星级	标识	特点
德国费斯托(FESTO)	(★★★★★)	FESTO	FESTO 于 1993 年在中国设立了独资子公司。FESTO 的主要产品为驱动器及附件、抓取及真空系统、定位技术、阀及附件、阀岛及总线系统、比例技术、气源处理装置、管接头及附件、传感器及压力开关、气动控制技术、电子控制技术、FESTO 教学培训产品及服务等。除了提供 16000 多种标准气动产品之外，FESTO 还为客户定制产品，以满足他们对特殊解决方案的需要
日本 SMC	(★★★★☆)	SMC	SMC 成立于 1959 年，总部设在日本东京。作为世界著名的气动元件研发、制造和销售的跨国公司，其销售网及生产基地遍布世界各地。在日本更是拥有庞大的市场网络
日本 CKD	(★★★★☆)	CKD	日本 CKD 是日本 CKD 株式会社投资的气动公司，主要制造气源处理三大件、气缸、电磁阀等自动化产品。CKD 生产的主要产品有自动化机械、灯管、LED 制造设备、药品泡壳包装设备、二次电池卷绕机、三维焊锡印刷基板检查仪，气动控制系统、FRL 气源处理件、气动换向阀、气缸以及其他附件、流体控制系统、多介质电磁阀、气控阀、马达阀、分析仪器专用阀等
中国气立可(CHELIC)	(★★★★)	CHELIC FA SYSTEM	气立可隶属于中国台湾气立股份有限公司，于 1986 年在中国台湾新北市成立。目前主要生产基地有中国台湾新北工厂及上海松江工厂，主要产品为空气动力产品及电控自动化零组件，包含气源处理元件、控制阀、各式气压缸、辅助元件、真空元件、气压模组化元件及电控元件等，广泛用在各生产型自动化设备、检测设备、包装设备、加工设备及整厂自动化设备等中

续表

品牌	品牌星级	标识	特点
中国 亚德客 (AIRTAC)	(★★★☆)	亞德客 AirTAC	亚德客始创于1988年，是全球知名专业生产各类气动器材的大型企业集团，致力于向客户提供满足其需求的气动控制元件、气动执行元件、气源处理元件、气动辅助元件等各类气动器材、服务和解决方案
美国 迪斯泰克 (DESTACO)	(★★★★★)	DE-STA-CO	DESTACO成立于1915年，并于1936年设计、制造了手动自锁夹钳，随后成功制造了气动锁紧缸。在满足车间和自动化需求上，DESTACO在夹持、抓持、输送、分度和机器人工具解决方案的创新、设计、制造上技术领先
德国 德珂斯 (TUNKERS)	(★★★★★)	TÜNKERS® Erfindergeist serienmäßig.	为了更好地服务中国客户，并开展本地化生产，由德国工厂推动，德国Tunkers Maschinenbau GmbH于2003年7月在上海成立了独资子公司——上海德珂斯机械自动化技术有限公司，开始开拓Tunkers品牌在中国汽车白车身焊装领域市场

前面介绍的五家企业都是综合性质的气动产品生产企业，最后的两家是在汽车白车身焊接领域、特殊气动产品行业顶尖的元器件、抓具、夹具制造商。

4.7 机器人系统常用液压产品品牌

重载重工领域的机器人工作站会用到液压系统，液压元器件的品牌众多，每个品牌都有各自最精通的元器件，如果想要把一个液压系统配成最优的设备，需要有所侧重地在这些品牌里面选择元器件。机器人系统常用液压产品品牌及特点见表4-13。

表 4-13 机器人系统常用液压产品品牌及特点

品牌	品牌星级	标识	特点
德国 力士乐 (Rexroth)	(★★★★★)	Rexroth Bosch Group	力士乐公司的历史要追溯到1795年。力士乐是全球领先的传动与控制企业，为工业及工厂自动化、行走机械以及可再生能源等领域的客户提供传动、控制与移动的个性化解决方案。目前，力士乐正不断为客户提供高质量的电控、液压、气动以及机电一体化元件和系统。 无论是元件还是系统，创新的解决方案都来源于强大的跨技术领域的专有诀窍。力士乐提供最广泛的传动与控制产品和系统，使客户成功跨越技术的鸿沟，获得最佳的解决方案。力士乐的技术在工业领域被广泛应用，并在30多个工业领域拥有丰富的系统应用知识
美国 派克 (Parker)	(★★★★☆)	Parker	派克汉尼汾是美国财富250强企业之一，是运动与控制领域的先行者。在过去的百余年中，派克汉尼汾在多元化工业市场和航空航天市场引领客户成功。派克的工程专业技能以及广泛的核心技术帮助解决世界上更严峻的工程技术难题。 派克汉尼汾中国公司成立于20世纪80年代，总部设在上海，在中国拥有2000多条产品线，为企业提供航空航天、环境控制、机电、过滤、流体与气体处理、液压、气动、过程控制、密封与屏蔽九大技术解决方案和服务。产品应用及解决方案主要涉及柴油发动机、风力发电、船舶制造、海洋勘探、钢铁、工程机械、高速铁路和工厂自动化等
德国 贺德克 (HYDAC)	(★★★★☆)	HYDAC	德国贺德克(HYDAC Technology GmbH)专业生产用于流体过滤技术、液压控制技术、电子测量技术的元件和装置，是世界著名的过滤器、蓄能器、液压阀、电子产品、管夹、电磁铁、液压系统总成等产品的液压件制造商。德国贺德克产品的应用范围十分广泛，几乎覆盖各行各业，如冶金工业、汽车工业、电力设备、化工、工程机械、造纸工业、造船工业以及机床制造等。HYDAC公司的分公司或子公司遍布全世界三十多个国家和地区，在美国、法国、印度、英国、瑞士、意大利及中国等地均有生产制造基地

续表

品牌	品牌星级	标识	特点
日本油研(YUKEN)	(★★★★)	YUKEN	油研是日本最大的专业液压元件生产厂，具有50多年液压元件生产经验，其产品包括油研叶片泵、单联泵、双联泵、柱塞泵、压力控制阀、流量控制阀、方向控制阀、叠加阀、插装阀、电液比例控制阀、伺服阀、液压马达、液压油缸、比例阀、液压系统、液压附属配件和液压回路、液压装置液压站、其他辅助元件等，产品广泛应用于注塑成型机、油压机、钢铁厂设备、机床、行走机械、液压电梯和环保工厂设备等中
中国恒立立新	(★★★☆)	Hengli 立新液压	恒立经过近30年的生产与创新，从液压油缸制造企业发展成为集液压元件、精密铸件、气动元件、液压系统等产业于一体的大型综合性企业，是中国液压行业标杆企业。公司生产规模和技术水平已跻身于世界液压领域前列，并服务于多家全球500强企业。产品销往20多个国家和地区，遍及工程车辆、港口船舶、能源开采、隧道机械、工业制造等诸多行业

除了上述介绍的液压产品企业，丹佛斯、华德、康百世等企业的产品也都有一定的市场份额和品牌知名度。

4.8 机器人系统常用传感器及视觉系统品牌

视觉系统是指利用光学元件和成像装置获取外部环境图像信息的仪器，通常用图像分辨率来描述视觉传感器的性能。

4.8.1 激光视觉品牌

激光视觉是指使用激光传感器对物体进行检测、定位、识别跟踪的过程。

激光视觉是视觉领域的新兴应用，相比于传统的CCD视觉，激光视觉精度更高，受外界干扰更小。常见激光视觉系统品牌及特点见表4-14。

表4-14　常见激光视觉系统品牌及特点

品牌	品牌星级	标识	特点
日本基恩士(KEYENCE)	(★★★★★)	KEYENCE 基恩士	KEYENCE作为激光视觉传感器、测量系统、激光刻印机、显微系统以及单机式影像系统的全球领先供应商，不断推动工厂自动化的创新与发展，一直致力于开发具有独创性的可靠产品，从而满足各类制造业中客户的需求。除了世界一流水平的产品之外，KEYENCE还提供全方位的服务，从而进一步为客户提供帮助。此外，还提供快速装运服务，使客户得以尽快改善他们的工作流程
英国META	(★★★★★)	META	META于1984年在牛津大学的工程研究项目中心成立。早期成功开发了传感器引导的自适应机器人FCAW，用在卡特彼勒大量焊接系统的大型项目中。后来，META也大量参与了管磨机焊接，提供了数百个激光传感器系统。 激光传感器管道焊接和类似的应用程序采用非接触式激光焊缝跟踪系统，能够补偿典型焊接路径上的任何偏差，确保高精度自动化焊接，无须昂贵的夹具或人工跟踪。 META中国分公司成立于2017年1月，拥有多种型号激光视觉传感器，META的技术可以应用于更广泛的领域。META激光视觉机器人及智能视觉机器人有近3000个成功应用案例
加拿大赛融(SERVO-ROBOT)	(★★★★★)	SERVO-ROBOT SMART LASER VISION SYSTEMS FOR SMART ROBOTS	赛融是一家专注于焊接和搬运领域激光视觉的高技术公司，成立于1983年，公司总部、研发中心以及生产线位于加拿大魁北克。 赛融公司在开发和生产用于焊接、机器人及自动化制造的激光视觉与传感系统已有超过35年的经验和历史，这些产品广泛用在弧焊、激光焊机器人和智能自动化专机的智能过程控制中。赛融公司通过独特的3D激光视觉技术改善焊接过程，其在激光焊缝跟踪、激光焊缝搜索以及焊接质量检测上的性能表现使其成为行业公认的领先者。这些性能的提升使赛融公司的产品适用于多个领域，如汽车制造、铁路机车车辆制造、航空航天、造船、管道制造、金属结构、风塔制造业等

除了以上国外企业，国内也有很多厂家在研制点激光寻位、线激光扫描检测、线激光焊缝跟踪产品，并且已打出一定的品牌知名度，如北京创想等。

4.8.2 图像视觉品牌

机器图像视觉系统常用在一些不适于人工作业的危险工作环境或人工视觉难以满足的场合，常用机器图像视觉替代人工视觉。常用图像视觉系统品牌及特点见表4-15。

表4-15 常用图像视觉系统品牌及特点

品牌	品牌星级	标识	特点
美国 康耐视 (COGNEX)	(★★★★★)	COGNEX	康耐视自1981年成立以来，已经销售了90多万套基于视觉的产品。康耐视的模块化视觉系统部门，总部位于美国马萨诸塞州，专攻用于多个离散项目制造自动化和确保质量的机器视觉系统。 康耐视公司设计、研发、生产和销售各种集成复杂的机器视觉技术的产品。其产品广泛应用于全世界的工厂、仓库及配送中心的条码读码器、机器视觉传感器和机器视觉系统中，能够在产品生产和配送过程中引导、测量、检测、识别产品并确保其质量
中国 海康威视 (HIKVISION)	(★★★★★)	HIKVISION 海康威视	海康威视是以视频为核心的物联网解决方案提供商，致力于不断提升图像、视频处理技术和图像、视频分析技术，面向全球提供领先的监控产品和技术解决方案。 海康威视拥有业内领先的自主核心技术和可持续研发能力，提供摄像机、智能球机、光端机、DVR板卡、DVS板卡、BSV液晶拼接屏、网络存储、视频综合平台、中心管理软件等安防产品，并为金融、公安、电信、交通、司法、教育、电力、水利、军队等众多行业提供合适的细分产品与专业的行业解决方案

续表

品牌	品牌星级	标识	特点
中国 梅卡曼德	(★★★★)		梅卡曼德机器人(MechMind Robotics)由清华海归团队创办,致力于将3D视觉智能赋予工业机器人。梅卡曼德总部位于北京,在3D感知、视觉和机器人算法、机器人软件、行业应用方案方面均有深厚积累。截至目前,梅卡曼德有数十项专利及软件著作已经授权。 自成立以来,梅卡曼德已经推出多项行业领先的技术和应用,受到众多知名厂商、客户关注。梅卡曼德已为多个行业龙头客户提供性价比高、稳定可靠的3D视觉解决方案,并成功为中国的空调企业、通信设备企业、钢厂、客车厂、工程机械制造企业等安装了首套3D视觉应用

这些视觉巨头企业在视觉应用方面各自有所侧重,有的侧重图像视频特征提取,有的侧重3D离散物料的识别,有的侧重激光检测和跟踪,需要工程师在选用时注意挑选。

4.9 机器人系统常用传感器品牌

传感器是一种检测装置,能感受被测量的信息,并能将感受到的信息按一定规律变换成为电信号或其他所需形式的信息输出,以满足信息的传输、处理、存储、显示、记录和控制等要求。在现代工业生产尤其是自动化生产过程中,要用各种传感器来监视和控制生产过程中的各个参数,使设备工作在正常状态或最佳状态,并使产品达到最好的质量。因此可以说,没有优良的传感器,现代化生产也就失去了基础。下面对国内外知名的传感器生产商作简要介绍,见表4-16。

表 4-16　国内外知名传感器品牌及特点

品牌	品牌星级	标识	特点
美国 霍尼韦尔 (Honeywell)	(★★★★★)	Honeywell 霍尼韦尔	霍尼韦尔国际(Honeywell International)是一家营业额达 300 多亿美元的多元化高科技和制造企业，在全球，其业务涉及航空产品和服务、楼宇、家庭和工业控制技术、汽车产品、涡轮增压器以及特殊材料。霍尼韦尔公司总部位于美国新泽西州莫里斯镇。霍尼韦尔传感与控制部提供 5 万余种产品，包括快动、限位、轻触和压力开关，位置、速度、压力、温湿度、电流和气流传感器，是传感与开关产品涵盖范围最广的厂商之一
德国 西克 (SICK)	(★★★★★)	SICK	德国 SICK 成立于 1946 年，总公司位于德国瓦尔德基尔希市，西克已在全球建立了 50 多个子公司和众多的销售机构，专注于为物流自动化、工厂自动化和过程自动化提供日益智能化的传感器件和整体解决方案。SICK 智能传感器产品涵盖各个领域工厂自动化应用产品，包括工厂自动化、工业安全系统以及自动化识别类产品
德国 图尔克 (TURCK)	(★★★★★)	TURCK	德国 TURCK 公司是世界上第一批将电子元件应用于自动化生产线控制的公司之一，随着工控自动化技术的不断发展，经过几十年的不懈努力，图尔克公司以其世界一流的服务闻名于世。图尔克是全球著名的自动化品牌，旗下囊括近 15000 种传感器产品、工业现场总线产品、过程自动化产品和各类接口及接插件产品，为工厂自动化及过程自动化提供了高效率和系统化的全方位解决方案
德国 易福门 (ifm)	(★★★★☆)	ifm	IFM 是德国的一个工控品牌企业，成立于 1969 年，在德国和美国的公司从事研发和生产。企业的行政和销售管理位于德国鲁尔区的艾森市，销售分公司遍布全球重要的区域。IFM 为所有要求工业自动化的行业提供产品和系统，产品包括位置传感器、流量传感器、通信和控制系统以及安全技术领域范围的方案

续表

品牌	品牌星级	标识	特点
日本 欧姆龙 (OMRON)	(★★★★)	OMRON	欧姆龙集团从1933年5月10日创立至今，通过不断创新，已经发展成为全球知名的自动化控制及电子设备制造厂商，掌握着世界领先的传感与控制核心技术。欧姆龙公司的传感器达几十万种，涉及工业自动化控制系统、电子元器件、汽车电子、社会系统以及健康医疗设备等领域

4.10 机器人系统常用伺服电机和PLC品牌

伺服电机是指在伺服系统中控制机械元件运转的电动机，是一种补助马达间接变速装置。伺服电机将电压信号转化为转矩和转速以驱动控制对象，可使控制速度、位置精度非常准确。伺服电机和PLC是机器人工作站系统中最常用的电气元器件，品牌也有很多，现依次做简要介绍，见表4-17。

表4-17 机器人系统常用伺服电机和PLC品牌及特点

品牌	品牌星级	标识	特点
美国 罗克韦尔 (AB)	(★★★★★)	Rockwell Automation AB Allen-Bradley	罗克韦尔是全球最大的致力于工业自动化与信息化的公司，总部位于美国威斯康星州密尔沃基市。1988年罗克韦尔自动化进入中国，目前已拥有2200多名雇员，并设有37个销售机构、5个培训中心、1个全球研发中心、大连软件开发中心、OEM应用开发中心、3个生产基地。罗克韦尔自动化中国有限公司与国内12家授权分销商、100多家认可的系统集成商、30多家亚太区的Encompass战略合作伙伴和全球战略联盟共同为制造业企业提供世界一流的伺服、PLC等工业控制相关产品、解决方案与服务支持，在北美和特定行业中有很高的市场占有率

续表

品牌	品牌星级	标识	特点
德国 西门子 (SIEMENS)	(★★★★★)	SIEMENS	德国西门子股份公司创立于1847年，是全球电子电气工程领域的领先企业。西门子自1872年进入中国，140余年来以创新的技术、卓越的解决方案和产品坚持不懈地为中国的发展提供全面支持。SIEMENS伺服电机是一种闭环控制的系统，和现代数字控制技术有着本质的联系。在目前国内的数字控制系统中，步进电机的应用十分广泛。随着全数字式交流伺服系统的出现，交流伺服电机也越来越多地应用于数字控制系统中。为了适应数字控制的发展趋势，运动控制系统中大多采用步进电机或全数字式交流伺服电机作为执行电动机。西门子的伺服和PLC已广泛应用于工业自动化和机器人工作站系统中
日本 三菱	(★★★★☆)	MITSUBISHI ELECTRIC Changes for the Better	三菱电机集团已成为能源与电气系统、工业自动化、信息与通信系统、电子器件和家用电器行业所用电子电气设备的领先制造和销售企业。 三菱电机拥有90多年的发展历史，其电机及PLC在全球范围内被广泛用于发电、用水、交通、通信等领域
日本 松下 (Panasonic)	(★★★★☆)	Panasonic	松下集团是全球性电子厂商，主营各种电机、PLC产品的生产、销售等。松下电器中国有限公司成立于1994年，并于2002年实现了独资，主要负责家电、系统、环境、元器件等商品的销售和售后服务
中国 汇川 (Inovance)	(★★★★)	Inovance	深圳市汇川技术股份有限公司自成立以来专注于电机驱动与控制、电力电子、工业网络通信等核心技术。经过十余年的发展，汇川已经从单一的变频器供应商发展成伺服、PLC等光机电综合产品及解决方案供应商。公司产品广泛应用于新能源汽车、电梯、工业机器人、起重、机床、印刷包装、纺织化纤、建材、冶金、煤矿、市政、轨道交通等行业

续表

品牌	品牌星级	标识	特点
中国信捷(XINJE)	(★★★★)	XINJE	无锡信捷电气股份有限公司是一家专注于工业自动化产品研发与应用的国内知名企业。拥有可编程控制器(PLC)、人机界面(HMI)、伺服控制系统、变频驱动等核心产品,智能机器视觉系统、基于示教的机械臂、机器人等前沿产品和包括信息化网络在内的更全面的整套自动化装备

这些伺服电机和PLC大致可以分为三个档次：欧美的AB和西门子；日系的三菱、松下和国产的汇川、信捷，需要在选用时做好匹配。

4.11 机器人系统常用低压电器品牌

低压电器是机器人工作站不可缺少的一部分，低压电器品牌的选择虽然不会太大的影响整个工作站的性能，但是会影响整个工作站甚至企业设备的形象，现在高中端低压电器元器件价格相差不大，建议尽量选择品牌较好的产品。机器人系统常用低压电器品牌及特点见表4-18。

表4-18 机器人系统常用低压电器品牌及特点

品牌	品牌星级	标识	特点
瑞士ABB	(★★★★★)	ABB	ABB电气事业部主要业务包括中低压电气设备的生产和服务,主要产品包括配网自动化产品、切换设备、限位设备、测量和传感设备、开关设备、模块化变电站解决方案、控制产品、自动转换开关电器、断路器类产品、开关类产品、终端配电保护产品、开关插座、智能建筑控制系统、电网质量产品、线路连接与保护产品和低压配电系统。ABB电气产品一应俱全,适用范围广泛,遍及电力、工商业与民用建筑配电系统以及各种自动化设备和大型基础设施

续表

品牌	品牌星级	标识	特点
法国 施耐德 (Schneider)	(★★★★★)	Schneider Electric 施耐德电气	施耐德电气公司自1836年由施耐德兄弟创建以来，以钢铁制造业起家，发展至今已成为全球能效管理领域的领导者。主要涵盖电力、工业自动化、基础设施、节能增效、能源、楼宇自动化与安防电子、数据中心和智能生活空间等业务领域，施耐德自1987年进入中国，助力中国地区建设提质升级，传递绿色能效的理念和价值，确立了中国市场的领先地位
中国 正泰 (CHNT)	(★★★★)	CHNT	浙江正泰电器股份有限公司是全球知名的一站式低压电气产品与系统解决方案供应商，成立于1997年8月，是正泰集团核心控股公司。公司专业从事配电电器、控制电器、终端电器、电源电器和电力电子等100多个系列、10000多种规格的低压电气产品的研发、生产和销售，为建筑、电力、起重、暖通和通信等行业提供日臻完善的系统解决方案。自创建以来，正泰电器已为140多个国家和地区提供了可靠的产品与服务
中国 德力西 (DELIXI)	(★★★★)	DELIXI	中国德力西控股集团有限公司创办于1984年，是一个集资本营运、品牌营运、产业营运为一体的大型集团。集团组建以来，严格推行全面质量管理，在国内同行业中率先通过产品质量、环境、职业安全卫生三大管理体系认证，全部产品均获得CCC认证，主导产品通过多项国际认证，获得了进军国际市场的通行证。德力西电气产品广泛用于载人航天、青藏铁路、核电站、机场、港口、油田和宝钢、武钢、包钢等钢铁公司以及援外项目中

4.12 品牌之间的匹配原则和具体示例

前面的章节介绍了近百个品牌，这些品牌有高端，有低端，虽说都能使用，但是在性能、寿命和价格上是天差地别的。前面章节大概对市面上现有的品牌从高到低进行了介绍，并用星级进行了综合评价，当选用、匹配时，大致可以按照星级进行初步匹配。

选用匹配的基本原则是高端配高端品牌，完成高端装备的系统集成，提升企业形象；低端配低端品牌，完成简单重复工作，实现成本摊薄、替代人工劳动力的目的。

4.12.1 国内军用或顶尖项目匹配示例

国内一些军工企业或连续生产的国有大型企业在设备零部件品牌选择过程中需要考虑企业形象、使用稳定性等因素，所以通常会配置最好的品牌进行机器人工作站系统的设计集成。这类项目可能涉及多家能力较强企业，难度较大，通常优先考虑的是项目风险，所以选择最好的元器件以免浪费时间，而把精力集中在设计夹具、安装、调试、工艺、整线工作进度把控上面。

这类设备就是尽量选择欧美系的设备或一些日系巨头企业的顶尖设备，特点就是价格高、设备稳定，可以提升企业形象。

机器人选择欧系一线品牌ABB；线性导轨选择THK；外部轴伺服选择欧系的西门子，如需外部轴协调运动，则要从机器人厂家购买同品牌的外部轴伺服，但是价格较贵，因此在选择时尽量避免；PLC同样选择西门子；RV减速器选择纳博特斯克；行星减速器选择阿尔法，或选择二线排名靠前的中国台湾精锐，如遇到激光焊接、激光切割项目则优先选择阿尔法；普通的齿轮及涡轮蜗杆减速电机选择SEW；焊接电源、送丝机、焊枪、碰撞传感器、清枪站选择伏能士；切割类项目优先选择海宝等离子、通快激光；喷涂类的喷枪、点胶枪、DR泵、隔膜泵等优先选择诺信，涂料优先选择PPG；输送线则优先考虑整体购买英特乐或莱克斯诺产品；气动产品优先选择费斯托，夹紧汽缸优先选择德珂斯；液压产品优先选择力士乐；过滤滤芯等优先选择贺德克；点激光、线激光产品优先选择赛融；传感器优先选择霍尼韦尔和西克；低压电器选择施耐德。

4.12.2 国内中大型企业或上市企业项目匹配示例

国内中大型企业或上市企业在设备零部件品牌选择过程中除需要考虑企业形象、使用稳定性等因素外，还需要考虑性价比和竞争的问题，所以通常会配置较好的品牌进行机器人工作站系统的设计集成，这类项目难度较大，也有一定的项目风险，选择较好的元器件可以避免在这方面浪费时间，而把精力集中在夹具设计、安装、调试、工艺、整线工作进度把控上面。

这类设备可以选择少量欧美系的设备，再配备一些日系企业的优秀设备，特点就是价格相对较高，设备比较稳定，针对民用的这些中大型企业同样可以提升企业形象。

机器人选择欧系一线品牌 ABB 或同为四大家族的安川；线性导轨选择 THK 或上银；外部轴伺服选择同样是欧系的西门子或日系的三菱，如需外部轴协调运动则从机器人厂家购买同品牌的外部轴伺服，但是价格较贵，因此在选择时尽量避免，这里要注意的是机器人、伺服、PLC 选择时要同为欧美系或同为日系，以方便后续的配件、调试等；PLC 同样选择西门子或三菱；RV 减速器选择纳博特斯克或振康；行星减速器选择台湾精锐或新宝；普通的齿轮及蜗轮蜗杆减速电机选择杰牌、南高齿或泰隆；焊接电源、送丝机、焊枪、碰撞传感器、清枪站选择林肯或安川；切割类项目优先选择飞马特等离子，罗芬、三菱激光；喷涂类的喷枪、点胶枪、DR 泵、隔膜泵等优先选择固瑞克；气动产品优先选择 SMC 和 CKD；夹紧汽缸优先选择德珂斯；液压产品优先选择派克；点激光线激光产品优先选择基恩士；传感器优先选择欧姆龙；低压电器选择施耐德。

4.12.3 国内中小型企业项目匹配示例

国内中小型企业在设备零部件品牌选择过程中除需要考虑一定的企业形象、使用稳定性、人员替换情况等因素外，主要需要考虑性价比问题和参与市场竞争问题，所以通常会配置日系品牌和国产知名品牌进行机器人工作站系统的设计集成，这类项目有一定难度，也有一定的项目风险，但是基本有一些相关经验的集成商都能做好这类项目。选择日系的元器件，可以有较好的设备稳定性，同时价格也比较有竞争力。

这类设备以日系为主，再配以一些国产的优秀设备，在关键设备上可以提升企业形象，设备稳定性有一定的保障，同时价格也比较有竞争力。

机器人选择日系安川或川崎；线性导轨选择上银或TBI；外部轴伺服选择日系的安川、松下或三菱，如需外部轴协调运动则从机器人厂家购买同品牌的外部轴伺服，但是价格较贵，因此在选择时尽量避免；PLC同样选择松下或三菱；RV减速器选择振康；行星减速器选择纽斯达特；普通的齿轮及蜗轮蜗杆减速电机选择杰牌或国茂；焊接电源、送丝机、焊枪、碰撞传感器、清枪站选择安川或麦格米特；切割类项目优先选择飞马特或华远，三菱或大族激光；喷涂类的喷枪、点胶枪、DR泵、隔膜泵等优先选择固瑞克；气动产品优先选择CKD和CHELIC；液压产品优先选择华德或立新；点激光线激光产品优先选择创想等；传感器优先选择欧姆龙；低压电器选择正泰或德力西。

4.12.4 国内小型企业项目匹配示例

国内小型企业也有很多小型结构件需要重复上下料、焊接、切割打磨工作，而且可能某一个企业就有很大需求，这类项目主要考虑人员替换因素，除此之外，还需要把价格降到很低，通常有很多国产机器人品牌可以使用，配以知名品牌的其他国产元器件，进行机器人工作站系统的设计集成。这类项目难度不大，但需要评估好项目周期，快速交付。这类设备以国产为主，着重解决企业的重复劳动问题。

机器人选择国产埃斯顿、欢颜等；线性导轨选择TBI；外部轴伺服和PLC选择汇川或信捷；RV减速器选择振康；行星减速器选择纽氏达特或中大电机；普通的齿轮及蜗轮蜗杆减速电机选择杰牌或国茂；焊接电源、送丝机、焊枪、碰撞传感器、清枪站选择奥太；切割类项目选择华远等离子、领创激光；喷涂类的喷枪、点胶枪、DR泵、隔膜泵等优先选择英格索兰；气动产品选择亚德客；液压产品优先选择华德或立新；传感器选择欧姆龙或国产品牌；低压电器选择正泰或德力西。

上述这些品牌，有的品牌影响力大，旗下大部分产品价格都较高，但也有一些产品的质量和价格上都比竞争对手有优势，比如费斯托的大部分产品价格都比 SMC 贵，但无杆缸做得比 SMC 好，而且价格还低，所以这些比较有趣的选择需要工程师在实际工作中长期积累，找到最合适的品牌。

第5章 机器人作业系统设计制造过程中的注意事项

本书前四章介绍了机器人工作站的应用场景、各子系统的用法以及各外购零部件的品牌及匹配原则，但在机器人作业系统集成中还有一部分重要内容是加工件的设计、加工、热处理、检验、装配调试等。这部分内容庞杂，细节众多，需要工程师在设计过程中长期积累，逐步、逐代改进设计、装配，沉淀积累技术。下面介绍机器人作业系统设计制造过程中的注意事项。

5.1 机器人系统工装夹具及抓手的设计要点

机器人工作站主要包括机器人移动系统、龙门移动系统、变位机、夹具、抓手等。在设计中，非标加工件结构复杂多变，设计点众多，大到结构设计，小到螺丝选择，都关系到项目的整体效果。

5.1.1 机器人地轨移动系统的设计要点

以图 5-1 所示机器人地轨移动系统为例介绍设计要点，总体布局上需要注意：重载高精度结构件在大范围内调节水平装置的设计；两侧导轨安装面统一的平面度；齿条和导轨之间的平行度；伺服减速器输出齿轮和齿条之间的间隙可调；导轨的防护；拖链宽度的选择、拖链槽的设计；机械原点、电气原点的设置；电气限位、机械限位的设计；非安装面的喷漆要求。

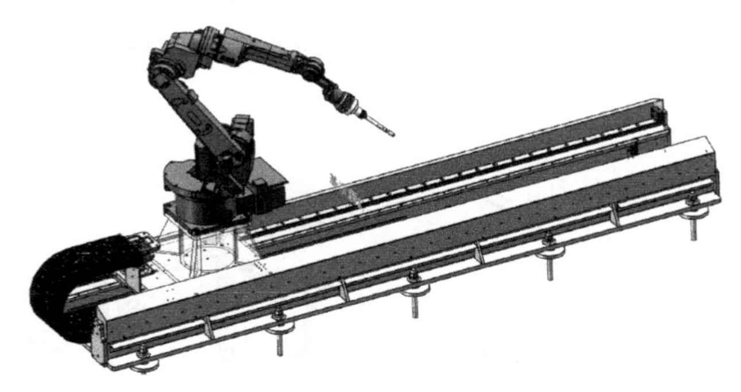

图 5-1　机器人地轨移动系统

如图 5-2 所示，设计最大的结构件时，需要考虑：型材大小的选择；上下板材和螺钉大小的统筹选择；中间连接结构件的加强和让位；走线槽的布置；加强筋的设置等。

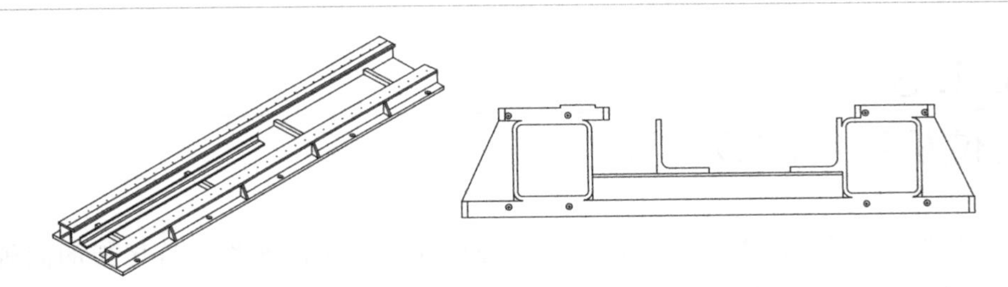

图 5-2　机器人地轨主体结构件整体结构及截面示意图

设计时最重要的是要有合理的结构设计，只有这样才能保证整个移动导轨的刚度和精度[7]。

5.1.2 机器人龙门移动系统的设计要点

设计如图 5-3 所示的机器人龙门移动系统时，需要考虑：龙门的刚度（优先考虑)；两侧导轨安装面统一的平面度；两侧齿条和导轨之间的平行度；伺服减速器输出齿轮和齿条之间的间隙可调；齿条的安装方向；两侧伺服的同步运动；由于线缆特别多，要特别注意拖链宽度的选择、拖链槽的设计、走线走管；在 X、Y、Z 三个轴方向上机械原点、电气原点的设置；电气限位、机械限位的设计；非安装面的喷漆要求，需要特别注意的是龙门两侧的直线导向精度。

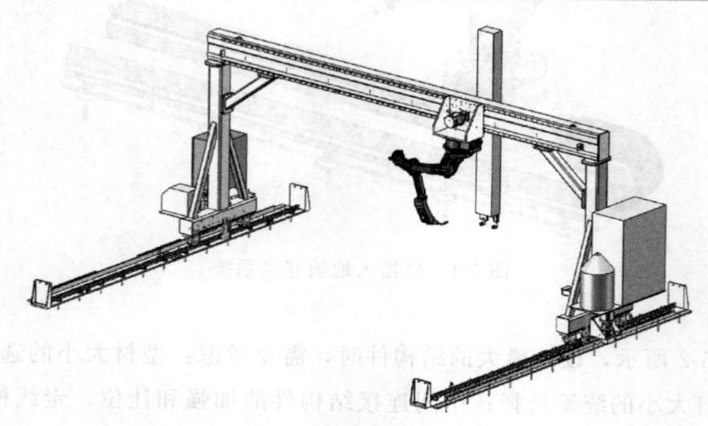

图 5-3　机器人龙门移动系统

5.1.3 变位机系统的设计要点

如图 5-4 所示，变位机需要首要考虑底座、支架的刚性，首尾架的同轴度，RV 减速器的承载能力选型，走线、走管等。

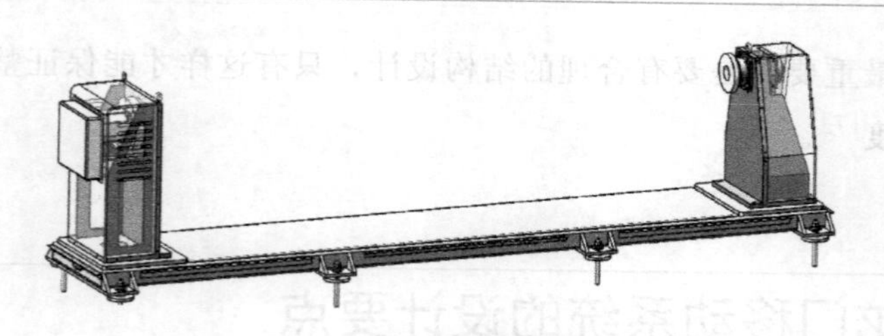

图 5-4　单轴旋转变位机

5.1.4 夹具设计要点

夹具针对的工件比较复杂，行业覆盖面也特别广泛，在本节中我们只对夹具设计的基本原则作简要阐述[8]。

夹具的功能主要包括定位和夹紧两个方面。

（1）定位

定位是夹具设计中最重要的部分，通常采用的定位办法是六点定位法，有时为了夹紧需要，要进行过定位。六点定位原理对于任何形状工件的定位都是适用的，如果违背这个原理，工件在夹具中的位置就不能完全确定。然而，用工件六点定位原理进行定位时，必须根据具体加工要求灵活运用，工件形状不同，定位表面不同，定位点的布置情况会各不相同，六点定位的宗旨是使用最简单的定位方法使工件在夹具中迅速获得正确的位置。

工件在空间具有六个自由度，即沿 X、Y、Z 三个直角坐标轴方向的移动自由度和绕这三个坐标轴的转动自由度。因此，要完全确定工件的位置，就必须消除这六个自由度，通常用六个支撑点，即定位元件来限制工件的六个自由度，其中每一个支撑点限制相应的一个自由度，如图 5-5 所示。

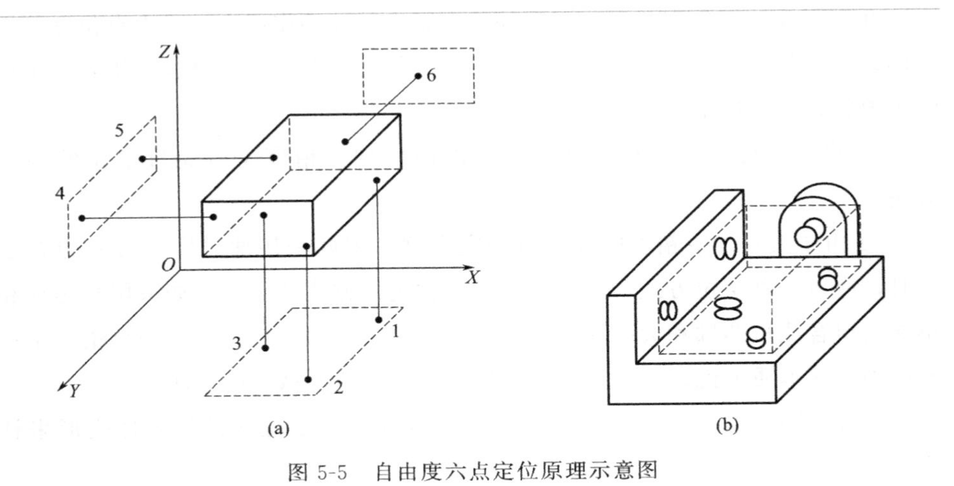

图 5-5　自由度六点定位原理示意图

工件定位的具体实施办法是使工件在夹具中占据确定的位置，因此工件的定位问题可转化为在空间直角坐标系中决定刚体坐标位置的问题来讨论。在阐述六点定位法则时常以图 5-5(a) 所示的例子来加以说明：1、2、3 三点定位下表面，限制 X、Y 方向的旋转自由度和 Z 方向的移动自由度；4、5 两点定位侧面，限制 X 方向的移动自由度和 Z 方向的旋转自由度；6 点定位端面，限制 Y 方向的移动自由度。这样，工件的六个自由度全部被限制，称为完全定位。当然，定位只能保证工件在夹具中的位置确定，并不能保证在加工中工件不移动，故还需夹紧。定位和夹紧是两个不同的概念，这一点在概念理解上需要工程师特别注意。

在定位方式上有完全定位、不完全定位、欠定位和过定位等，其中欠定位是绝对不可行的，完全定位、不完全定位和过定位都是允许使用的。工件的六个自由度全部被夹具中的定位元件限制，在夹具中占有完全确定的唯一位置，称为完全定位；根据工件加工表面的不同加工要求，定位支撑点的数目可以少于六个，有些自由度对加工要求有影响，有些自由度对加工要求无影响，这种定位情况称为不完全定位，不完全定位是允许的；按照加工要求应该限制的自由度没有被限制的定位称为欠定位，欠定位是不允许的，因为欠定位保证不了加工要求；工件的一个或几个自由度被不同的定位元件重复限制的定位称为过定位，当过定位导致工件或定位元件变形影响加工精度时，应该严禁采用，但当过定位并不影响加工精度、反而对提高加工精度有利时，也可以采用。

在实际设计工件定位时，因受外部夹紧力、外部作用力、受力点位置等因素的影响，最常用的设计就是过定位方式。但是在夹具设计过程中用到过定位时需要特别注意以下几点：

① 提高夹具定位面和工件定位基准面的加工精度是避免过定位的根本方法。

② 由于夹具加工精度的提高有一定限度，因此采用两种定位方式组合定位时，应以一种定位方式为主，减轻另一种定位方式的干涉，如采用长芯轴和小端面组合或短芯轴和大端面组合，或工件以一面双孔定位时，一个销采用菱形销等。从本质上说，这也是另一种提高夹具定位面精度的方法。

③ 利用工件定位面和夹具定位面之间的间隙和定位元件的弹性变形来补偿误差，减轻干涉。

④ 分析和判断两种定位方式在误差作用下属于干涉还是过定位时，必须

对误差、间隙和弹性变形进行综合计算，同时根据工件的加工精度要求才能做出正确判断。

从广义上讲，只要采用的定位方式能使工件定位准确，并能保证需求的精度，这种定位方式就不属于过定位，就可以使用。

（2）夹紧

夹紧是指工件在定位的基础上，由于外部操作工件受外力较大时，定位一般会被破坏，这时就需要对工件施加夹紧力，以防止工件移动。

夹紧装置的种类和形式繁多，按夹紧力的来源分类，可分为手动夹紧、自动夹紧及机动夹紧。自动夹紧是指气压或真空夹紧、液压夹紧及电磁夹紧等，机动夹紧是利用机床运动部分产生夹紧力来自动操纵的。按夹紧机构的繁简情况分类，可分为简单夹紧机构和复合夹紧机构。简单夹紧机构又可分为螺旋夹紧、斜楔夹紧、偏心夹紧、凸轮夹紧、杠杆夹紧及弹簧夹紧等。复合夹紧机构又可分为杠杆螺旋机构、斜楔螺旋机构、杠杆偏心机构、斜楔偏心机构等。凡在简单原始传力机构或机械传动装置与夹紧接触点之间有增力装置的，通称为有增力机构的夹紧。按夹紧机构在夹紧工件时一次所能夹紧工件的数量来分，可分为单件夹紧、双件夹紧和多件夹紧。夹紧机构还有自锁夹紧机构和不自锁夹紧机构两类，自锁的如螺旋、斜楔和偏心等夹紧机构，不自锁的如弹簧和杠杆等夹紧机构。

夹紧机构种类繁多，设计时也千差万别，结构有繁有简，很多图例大家可以参考《现代夹具设计手册》。

当夹具整体安装于变位机时，需要考虑整体更换、走线走管、电磁阀位置、电气按钮的放置位置等。

5.1.5 机器人抓手

机器人抓手有很多种类，如码垛专用、精密件抓取搬运、气动吸盘类等。在设计码垛抓手的过程中要考虑抓手的轻量化，如图 5-6 所示，在设计精密件搬运抓手时要考虑抓手和工件间的特殊处理，考虑复杂空间里面的结构让位问题等，如图 5-7 所示的精密搬运抓手设计时还要考虑动力源消失后的自锁问题等。

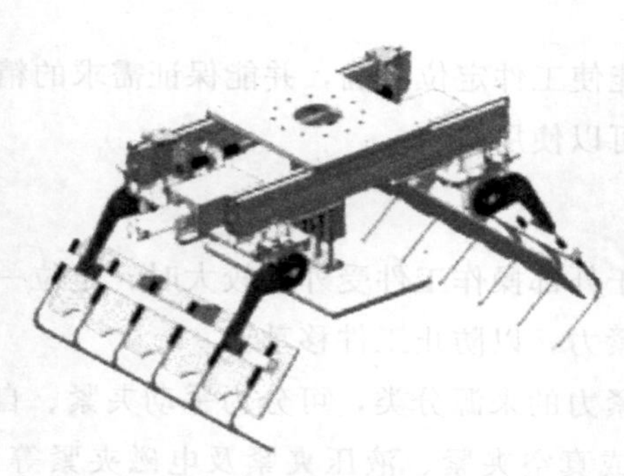

图 5-6 码垛专用抓手

图 5-7 精密搬运抓手

5.1.6 其他辅助设施的设计要点

5.1.6.1 整体防护及细节

在焊接或切割搬运等工作站中常会产生焊渣废料等，因此需要对工作站整体地面做处理，要方便清扫，不能有过多的犄角旮旯；对线缆和管道要有防烫保护；对伺服电机和电磁阀等重要元器件要有钣金防护，钣金需要开散热孔；对加工面没有安装贴合的地方，需要刷硬膜防锈油防锈；对操作空间要有一定的控制，不能有台阶，到工件安装面的高度要符合人机工程学，如图 5-8 所示。

5.1.6.2 集烟房及外观

集烟房需要考虑双工位集烟的切换方法，如果是移动式集烟房顶，需要考虑集烟房整体的稳定性，观察视窗的高度（要符合人机工程学，宽度至少要保证两个人能同时观察），电气的走线，操作面板的合理放置，外观的配色，公司图标的设计等，还需要考虑一些移动物体的警示色、安全区域的设置，三色灯的位置设置等，如图 5-9 所示。

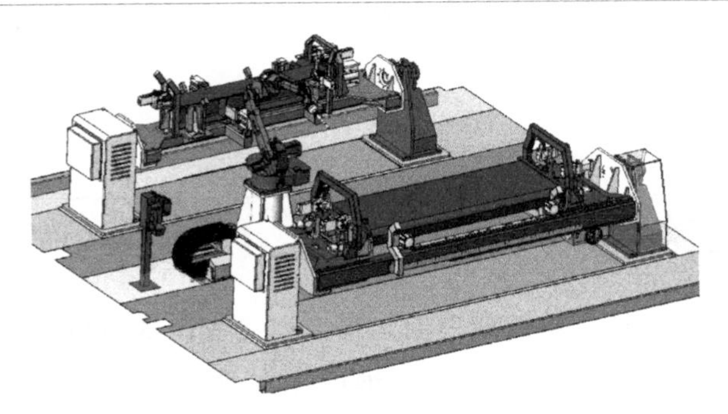

图 5-8 工作站的地面防护

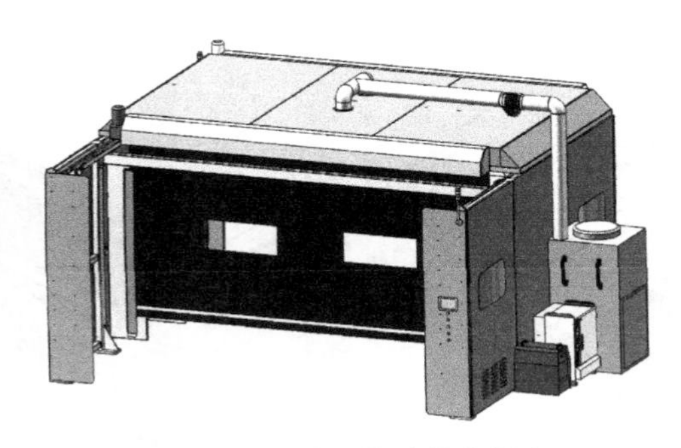

图 5-9 焊接工作站的集烟房

在设计这些辅助设施时，要将机器人移动系统、变位机形式逐步固化，形成公司标准品。有新项目时，只针对夹具做具体设计即可。所有的这些项目，不管是焊接、磨抛还是切割，定位支撑点需要在工件的同一侧，夹紧、起吊在另一侧。夹紧点在支撑点之内或直接在支撑点上时要考虑起吊机构和机器人工具的可达性，需要将涉及的管路、线缆保护好。

5.2 机器人系统设计的常用方法

机器人系统设计常用的方法大概包括三个阶段：工作站三维设计，可达性仿真，关键部件的有限元分析。在一些动作频率特别快的场合，还可能用到动力学仿真[9]。

5.2.1 工作站的三维设计

工作站的三维设计是指前期根据工程需要完成设备的初步选型、工作站布局、结构设计等，如图 5-10 所示。三维设计完成之后，需要对模型进行静态干涉分析、动态逻辑及干涉分析。

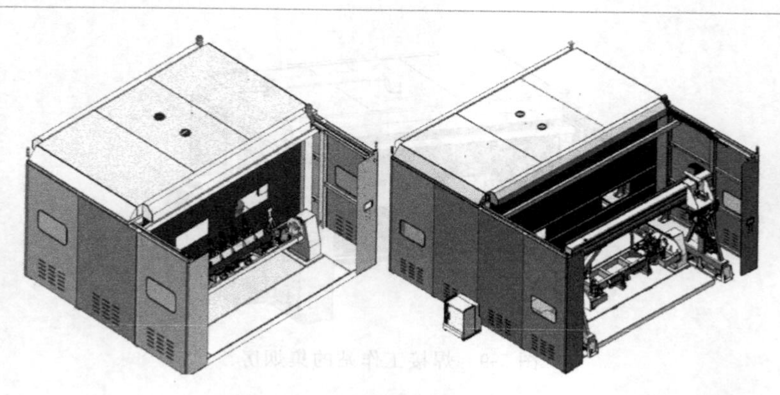

图 5-10 工作站的三维设计模型

5.2.2 可达性仿真

三维设计好以后，需将三维导入机器人仿真专用软件对机器人臂展的可操作范围进行仿真[10]，以确保机器人选型的正确性，如图 5-11 所示。

如果是焊接和切割，还需要模拟焊枪和割炬的姿态，如图 5-12 所示。

5.2.3 关键部件的有限元分析

设计重大结构件时还需要使用相关的有限元软件或模块对其进行有限元分

析，对重要结构件进行应力、应变、振动模态分析[11]，如图 5-13 所示。

图 5-11 机器人臂展可达范围仿真

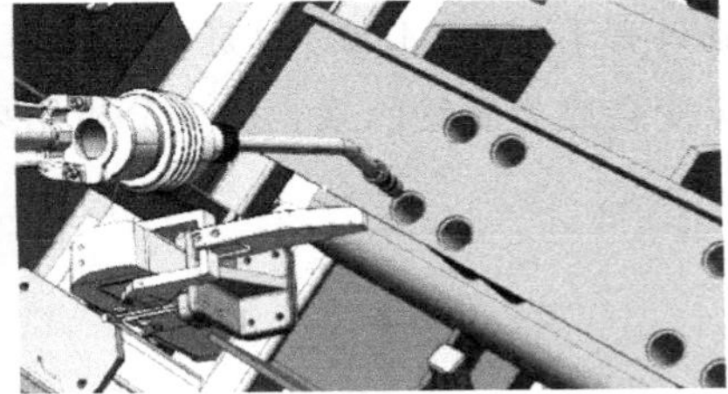

图 5-12 焊枪或割炬姿态仿真

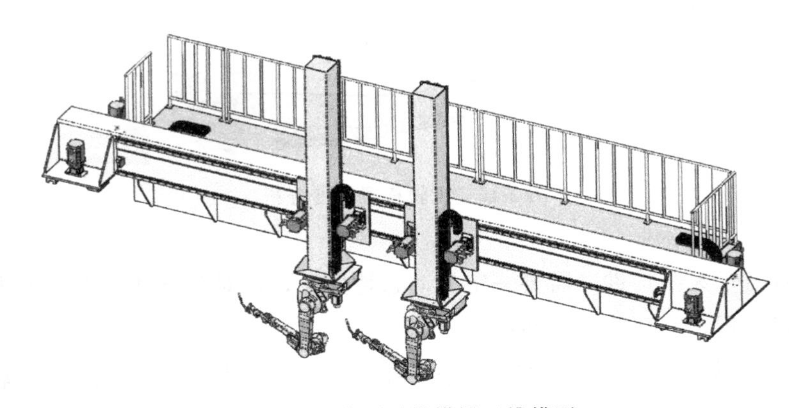

图 5-13 大型天轨横梁三维模型

应力分析需要对模型进行简化，施加外部重量、加减速等效载荷，通过有限元软件仿真出应力结果，如图 5-14 所示。

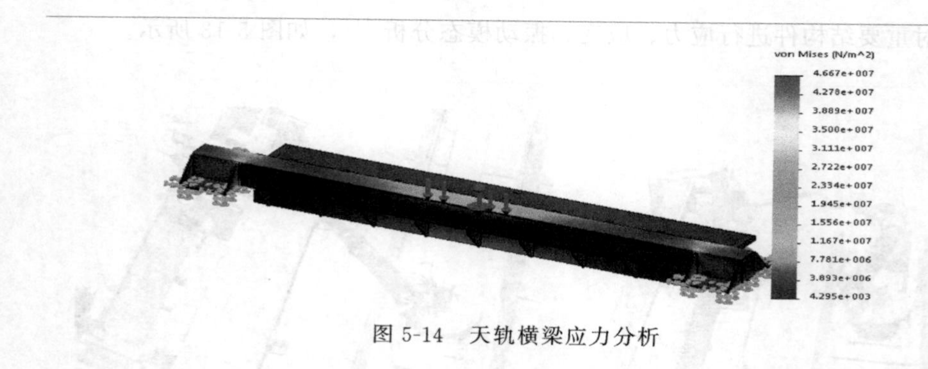

图 5-14　天轨横梁应力分析

在结构设计中，为了追求刚性，应力一般不会有问题，通常都是 5 倍以上的安全余量，如图 5-14 所示的横梁在外加载荷和实际工况等效时，最高应力大概只有不到 50MPa，但是在大跨度的横梁上，重复定位精度有要求时，通常应变会成为制约因素，应变分析结果如图 5-15 所示。

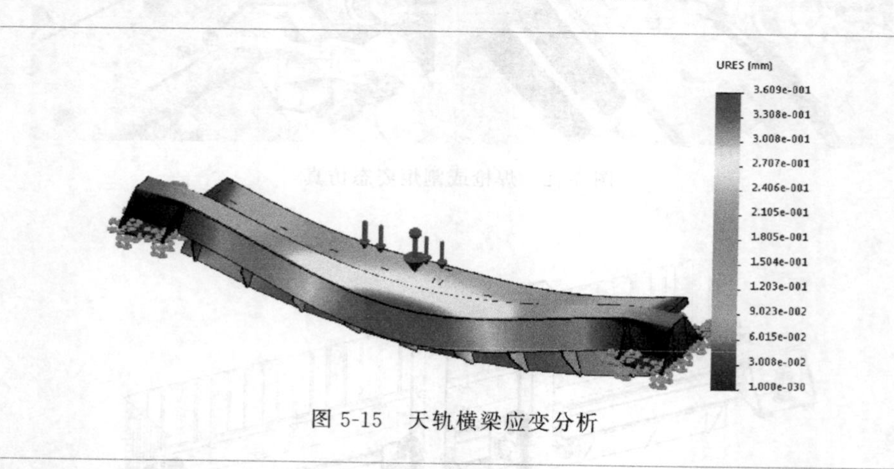

图 5-15　天轨横梁应变分析

一般对于大结构件，需要一定的动态特性时，需对关键结构件和整体结构进行模态分析，并和驱动频率进行比较。

图 5-16 为天轨横梁一阶模态，图 5-17 为天轨横梁二阶模态，通常需要分析至二阶模态。

对图 5-18 所示的天轨桁架进行整体结构应力分析时需要对模型进行简化，施加外部质量、加减速等效载荷，通过有限元软件仿真出应力及模态结果，如图 5-19 所示。

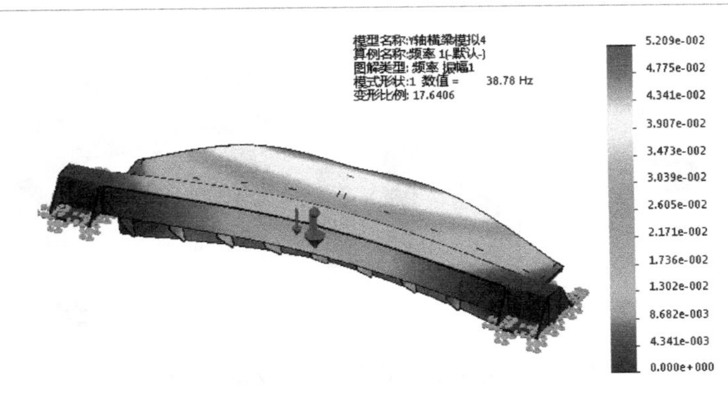

图 5-16 天轨横梁一阶模态

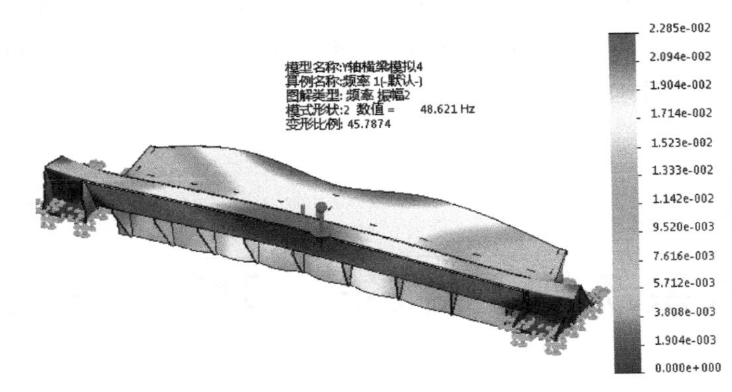

图 5-17 天轨横梁二阶模态

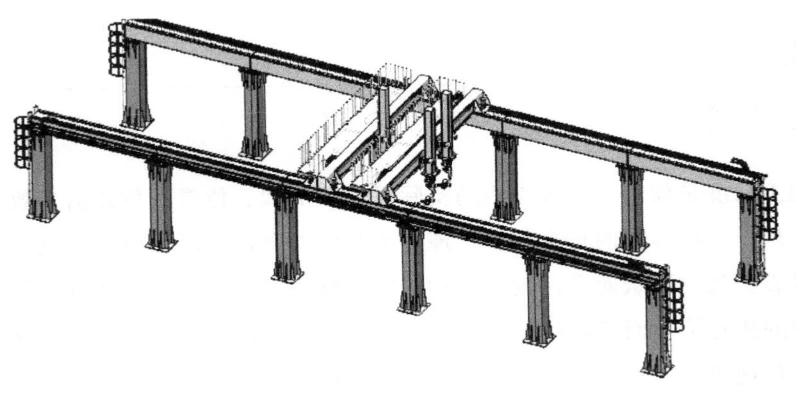

图 5-18 天轨双横梁三维模型

图 5-19 天轨双横梁整体应力及模态分析

当应变分析发现变形较大时，需要改变结构设计，加强结构刚性。当无法加强结构刚性时，需要加外部传感器，实时反馈位置信息，以保证机器人末端工具空间位置的准确性。

5.3 机器人系统加工件的一般精度要求

设备的整体质量取决于零件的加工质量和设备的装配质量，零件加工质量包含零件加工精度和表面质量两大部分。

5.3.1 加工精度

加工精度是加工后零件表面的实际尺寸、形状、位置三种几何参数与图纸要求的理想几何参数的符合程度。理想的几何参数，对尺寸而言，就是平均尺寸；对表面几何形状而言，就是绝对的圆、圆柱、平面、锥面和直线等；对表面之间的相对位置而言，就是绝对的平行、垂直、同轴、对称等。零件实际几何参数与理想几何参数的偏离程度称为加工误差。

加工精度主要用于表征生产产品的精细程度，加工精度与加工误差都是评价加工表面几何参数的术语。加工精度用公差等级衡量，等级值越小，其精度越高；加工误差用数值表示，数值越大，其误差越大。加工精度高，就是加工误差小，反之亦然。公差等级从 IT01、IT0、IT1、IT2、IT3 至 IT18 一共有 20 个，其中 IT01 表示该零件加工精度是最高的，IT18 表示该零件加工精度是最低的，一般 IT7、IT8 是加工精度中等级别，一般应用如图 5-20 所示。

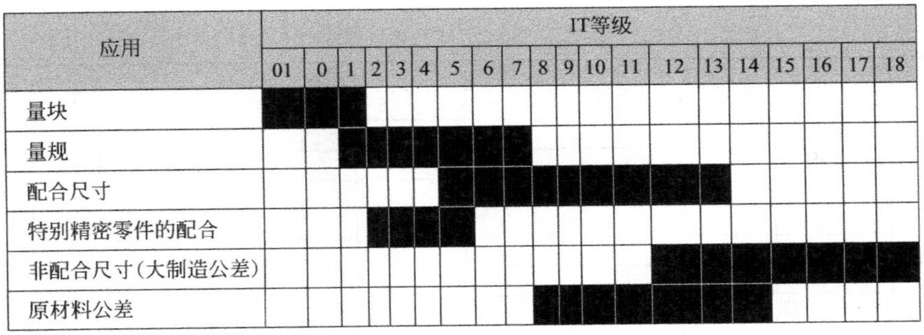

应用	IT等级																			
	01	0	1	2	3	4	5	6	7	8	9	10	11	12	13	14	15	16	17	18
量块	■	■	■																	
量规			■	■	■	■	■	■	■											
配合尺寸							■	■	■	■	■	■	■	■	■					
特别精密零件的配合				■	■	■	■													
非配合尺寸(大制造公差)														■	■	■	■	■	■	■
原材料公差										■	■	■	■	■	■	■				

图 5-20　公差等级一般应用场景

任何加工方法得到的实际加工参数都不会绝对准确，从零件的功能看，只要加工误差在零件图要求的公差范围内，就认为保证了加工精度。常用的传统加工方法能够达到的加工精度如图 5-21 所示，现在高品质的加工中心或大镗床一般能够达到 IT3 或 IT4 级。

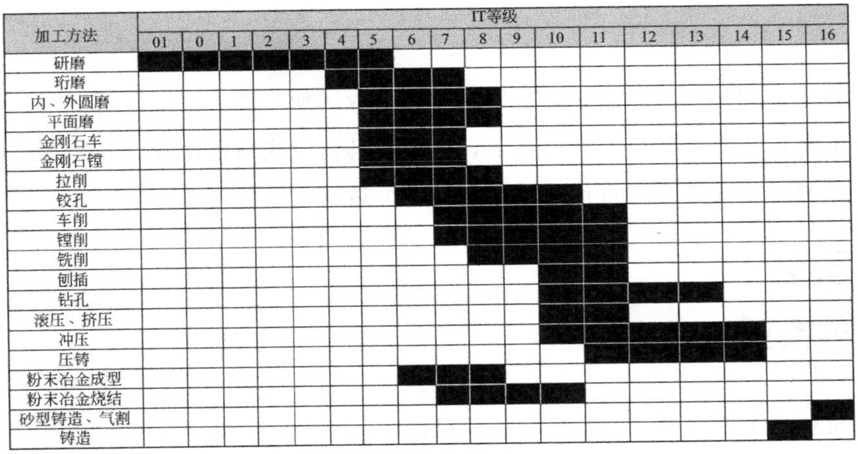

加工方法	IT等级																	
	01	0	1	2	3	4	5	6	7	8	9	10	11	12	13	14	15	16
研磨	■	■	■	■	■	■	■											
珩磨						■	■	■	■									
内、外圆磨							■	■	■	■								
平面磨							■	■	■	■								
金刚石车							■	■	■									
金刚石镗							■	■	■									
拉削							■	■	■	■								
铰孔								■	■	■	■	■						
车削									■	■	■	■	■					
镗削									■	■	■	■	■					
铣削										■	■	■	■					
刨插												■	■					
钻孔												■	■	■	■			
滚压、挤压												■	■					
冲压												■	■	■	■	■		
压铸													■	■	■	■		
粉末冶金成型								■	■	■								
粉末冶金烧结									■	■	■	■						
砂型铸造、气割																		■
铸造																	■	

图 5-21　不同加工方法一般能达到的公差等级

零件及规定零件加工时，应注意将形状误差控制在位置公差内，位置误差又应小于尺寸公差，即精密零件或零件重要表面，其形状精度要求应高于位置精度要求，位置精度要求应高于尺寸精度要求。这三者之间的公差数值相互借用就是公差原则。在能够满足使用要求的情况下，尽量降低精度要求，因为加工成本不一样，如图 5-22 所示，颜色由浅到深，表示成本大概比例为 1∶2.5∶5。

尺寸	加工方法	IT等级													
		1	2	3	4	5	6	7	8	9	10	11	12	13	14
外径	普通车削														
	转塔车床车削														
	自动车削														
	外圆磨														
	无心磨														
内径	普通车削														
	转塔车床车削														
	自动车削														
	钻														
	铰														
	镗														
	精镗														
	内圆磨														
	研磨														
长度	普通车削														
	转塔车床车削														
	自动车削														
	铣														

图 5-22　同一加工方法达到不同公差等级的成本对比

以上介绍的加工精度是指采用常规加工方法加工普通结构件的情况，在加工中心、磨床都大量普及的情况下，一般模具行业或精密设备行业的图纸标注都已脱离了上述体系，直接按照机床设备可达精度进行标注。

5.3.2 表面质量

机械加工表面质量的指标有表面粗糙度、表面加工硬化程度，残余应力的性质和大小，主要是指零件在机械加工后被加工面的微观不平度，也叫粗糙度，以 Ra、Rz、Ry 三种代号加数字来表示，机械图纸中都会有相应的表面质量要求，一般采用 Ra 标注。

加工后的表面质量直接影响被加工件的物理、化学及力学性能。产品的工作性能、可靠性、寿命在很大程度上取决于主要零件的表面质量。

表面粗糙度一般受所采用的加工方法和其他因素的影响，例如加工过程中刀具与零件表面间的摩擦、切屑分离时表面层金属的塑性变形以及工艺系统中的高频振动等。加工方法和工件材料不同，被加工表面留下痕迹的深浅、疏密、形状和纹理都有差别。不同的加工方法能够达到的表面粗糙度可参照表 5-1。

表 5-1　不同加工方法能达到的表面粗糙度

加工方法			表面粗糙度 $Ra/\mu m$
自动气割、带锯或圆盘锯割断			50～12.5
切断	车削		50～12.5
	铣削		25～12.5
	砂轮		3.2～1.6
车削外圆	半精车		6.3～3.2
	精车		3.2～0.8
	精密车（或金刚石）		0.8～0.2
车削端面	半精车		6.3～3.2
	精车		6.3～1.6
	精密车		0.8～0.4
切槽	一次车程		12.5
	二次车程		6.3～3.2
高速车削			0.8～0.2
钻孔	≤Φ15mm		6.3～3.2
	>Φ15mm		25～6.3
扩孔	粗（有表皮）		12.5～6.3
	精		6.3～1.6
锪倒角（孔）			3.2～1.6
带导向的锪平面			6.3～3.2
镗孔	粗镗		12.5～6.3
	半精镗		6.3～3.2
	精镗		3.2～0.8
	精密镗（金刚石）		0.8～0.2
高速镗			0.8～0.2
铰孔	半精铰（一次铰）	钢	6.3～3.2
		黄铜	6.3～1.6
	精铰（二次铰）	铸铁	3.2～0.8
		钢、轻合金	1.6～0.8
		黄铜、青铜	0.8～0.4
	精密铰	钢	0.8～0.2
		轻合金	0.8～0.4
		黄铜、青铜	0.2～0.1
圆柱铣刀铣削	粗		12.5～3.2
	精		3.2～0.8
	精密		0.8～0.4
端铣刀铣削	粗		12.5～3.2
	精		3.2～0.4
	精密		0.8～0.2
高速铣削	粗		1.6～0.8
	精		0.4～0.2
插削	粗		25～12.5
	精		6.3～1.6
拉削	精		1.6～0.4
	精密		0.2～0.1
外圆磨 内圆磨	半精（一次加工）		6.3～0.8
	精		0.8～0.2

续表

加工方法			表面粗糙度 $Ra/\mu m$
外圆磨 内圆磨	精密		0.2～0.1
	精密、超精密磨削		0.05～0.025
	镜面磨削(外圆磨)		＜0.05
平面磨	精		0.8～0.4
	精密		0.2～0.05
研磨	粗		0.4～0.2
	精		0.2～0.05
	精密		＜0.05
抛光	精		0.8～0.1
	精密		0.1～0.025
	砂带抛光		0.2～0.1
	砂布抛光		1.6～0.1
	电抛光		1.6～0.012
螺纹加工	切削	板牙丝锥	3.2～0.8
		车刀或梳刀车、铣	6.3～0.8
		磨	0.8～0.2
		研磨	0.8～0.05

加工方法			表面粗糙度 $Ra/\mu m$
螺纹加工	滚轧	搓丝模	1.6～0.8
		滚丝模	1.6～0.2
齿轮及花键加工	切削	粗滚	3.2～1.6
		精滚	1.6～0.8
		精插	1.6～0.8
		精刨	3.2～0.8
		拉	3.2～1.6
		剃	0.8～0.2
		磨	0.8～0.1
		研	0.4～0.2
	滚轧	热轧	0.8～0.4
		冷轧	0.2～0.1
刮	粗		3.2～0.8
	精		0.4～0.05
滚压加工			0.4～0.05
钳工锉削			12.5～0.8
砂轮清理			50～6.3

表面粗糙度与机械零件的配合性质、耐磨性、疲劳强度、接触刚度、振动和噪声等有密切关系，对机械产品的使用寿命和可靠性有重要影响。一般而言，重要或关键零件的表面质量要求比普通零件要高，这是因为表面质量好的零件会在很大程度上提高其耐磨性、耐蚀性和抗疲劳破损能力。

工程师在设计零部件时，要依据机械设计手册内推荐的粗糙度，并时常观察粗糙度对比块（图 5-23），将各粗糙度级别的表面状况牢记于心，形成技术经验。检验零部件时可用粗糙度测量仪（图 5-24），对零件表面粗糙度进行定量检验分析，也可和粗糙度标准块进行比对分析得出结果。

广义的表面质量还包括表面处理之后的美观程度、防锈效果等，通常采用的发蓝发黑处理、铝合金的表面本色或有色氧化、大结构件的喷漆等都是保证表面质量的方法。

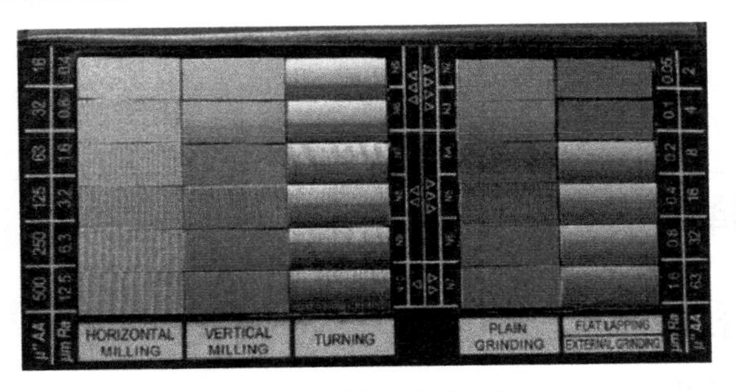

图 5-23　粗糙度对比块

图 5-24　粗糙度测量仪

机器人系统及相关自动化辅助设备通常都需要一定的精度，机器人的功能、负载和厂家不同，精度不同，好的机器人可以做到重复定位精度为±0.08mm，差的可能做到±0.2mm左右，而机器人附属系统一般要求不高，大平面度一般要求在IT8级左右，平面度控制在±0.1mm左右，重复定位精度为±0.1mm左右即可完成大部分有精度的机器人工作站系统项目。对于一般的搬运码垛，精度要求则更低，但是3C行业的搬运、打包、装配机器人，一般精度要求比较高。

5.4 机器人系统加工件的材料及处理要点

材料的选择、处理方法有时也能极大地影响加工件的质量。机械设计中常用的材料有钢、铸铁、有色金属（如铝合金、铜合金等）和非金属材料（如尼龙、橡胶等）。

5.4.1 材料的选择

选择常用材料时有一定的基本原则。

（1）满足使用要求

满足使用要求是选用材料的最基本原则和出发点。所谓使用要求是指所选材料做成的零件在给定的工况条件和预定的寿命期限内能正常工作。而不同的机械，其侧重点又有差别。例如，当零件受载荷大并要求质量小、尺寸小时，可选强度较高的材料；滑动摩擦下工作的零件，应选用减摩性能好的材料；高温下工作的零件，应选用耐热材料；当承受静应力时，可选用塑性或脆性材料；而承受冲击载荷时，必须选用冲击韧度较好的材料等。

（2）符合工艺要求

所谓工艺要求是指所选材料的冷、热加工性能和热处理工艺性。例如，结构复杂且大批量生产的零件宜用铸件，单件生产宜用锻件或焊件。简单盘状零件，如齿轮或带轮等，其毛坯是采用铸件、锻件还是焊件，主要取决于它们的尺寸大小、结构复杂程度及批量的大小。单件小批量生产宜用焊件；尺寸小、批量大、结构简单，宜用模锻件；结构复杂、大批量生产，则宜用铸件。

（3）综合经济效益要求

综合经济效益好是一切产品追求的最终目标，故在选择零件材料时，应尽可能选择能满足上述两项要求且价格低廉的材料。不能只考虑材料的价格，还应考虑加工成本及维修费用，即考虑综合经济效益。

机器人系统相关的自动化设备是非常客观具体的物体，其构成就是各种各样的材料，材料是设备最基础的组成物质，常用材料分类见图 5-25。材料通过机械加工可形成具有固定形状、不同尺寸的零件，继而形成设备零部件。

图 5-26 所示为一个简单的机器人配套的振动盘及输送线用到的多种材料，现对各种材料的特性做简要介绍。

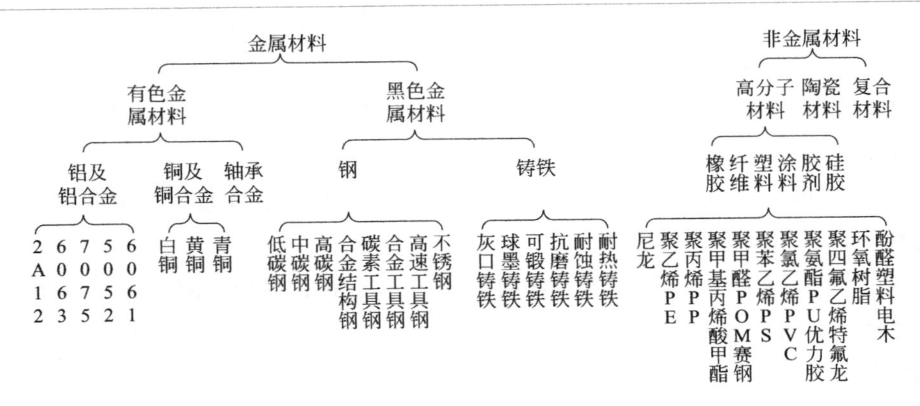

图 5-25 常用材料分类

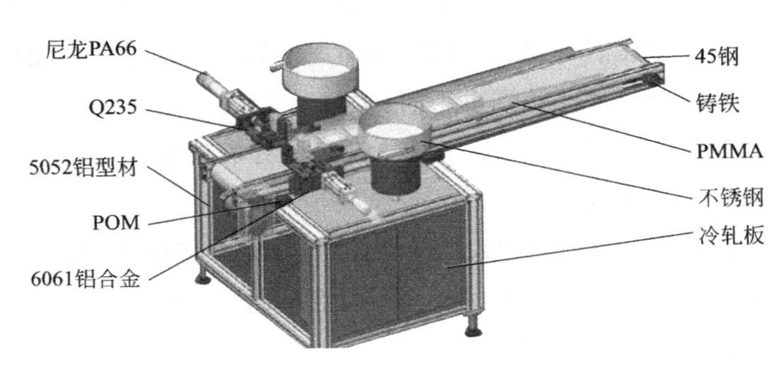

图 5-26 振动盘及输送线材料

① 低碳钢。钢材含碳量小于0.25%，由于含碳量低，因而强度低、硬度低，但塑性、韧性高，可锻性和焊接性好。常用的Q235、Q345钢及钢型材用于制造中小机械零件、要求不高的结构件及大型焊接结构件。一般机械零件不采用热处理，只需表面发蓝发黑即可，大型焊接结构件一般采用去应力退火处理。

② 中碳钢。钢材含碳量为0.3%～0.6%，强度、硬度较高，切削性能较佳，但焊接性较差，主要用于较大负载的机械零件。由于含碳量较高，可淬火热处理。45钢是最常用的中碳钢，设备轴类零件常用40Cr，主要是为了增加淬透性，方便后续调质。

③ 不锈钢。不锈钢耐酸碱性介质的腐蚀，是一种不容易生锈的合金钢，在自动化设备上常用的牌号为SUS304，耐腐蚀的有316，耐高温的有2520。

④ 铝合金。最常用的有 5052 铝型材，以镁为主要合金元素，再好一点有 6061，重要结构件有 7075，还有航空铝材 2012，它们以不同元素为合金，密度小、强度大，是机器人自动化设备特别是机器人抓手常用材料，表面常用喷砂本色阳极氧化处理。

⑤ 黄铜。以锌为主要添加元素的铜合金，强度高、硬度大，有较强的耐磨性，常用作摩擦导向材料。

⑥ 聚甲醛 POM。被誉为“赛钢”，本色为白色，强度、刚度高，弹性好，减摩耐磨性好。自动化设备上常用作受力较小且要求轻量化的结构材料，如产品定位的治具、挡块等。

⑦ 尼龙。本色为象牙色，和 POM 类似，也是常用的工程塑料。

⑧ 聚氨酯。代号 PU，其中聚氨酯弹性体为设备常用材料，因其具有优异的弹性，设备上常用作缓冲材料。包胶滚筒上的胶大多也是聚氨酯材料。具体情况不同，选择的弹性体的硬度也不同。

⑨ 聚甲基丙烯酸甲酯。代号 PMMA，俗称有机玻璃、亚克力，是应用广泛的透明塑料，常用作设备安全门、防护罩等。

⑩ 聚四氟乙烯。代号 PTFE，即俗称的特氟龙，俗称“塑料王”。具有优良的化学稳定性、耐腐蚀性、密封性、高润滑不黏性。设备上常用作摩擦滑动材料，或用作密封件及抗粘胶零件。

⑪ 酚醛塑料（电木）。酚醛塑料俗称电木，电木因像木头一样绝缘性高、可塑性好，所以被叫作电木。受热不变形，有一定的机械强度，又易于加工，而且还有很好的绝缘性，常用作产品定位的治具、挡块、检测工装的材料。

材料种类繁多，机器人系统主要用到低碳钢、中碳钢、有色金属、非金属材料等，高碳钢及合金工具钢较少使用。工程师在选用这些材料前需要了解它的特性，长期积累，使设备各零部件都选用最合适的材料。

5.4.2 材料处理的方法

材料处理是指在机械零件制造过程中，为了提高和获得金属材料的物理、化学以及力学性能，常常采取一定的工艺方法过对材料的表面或内部进行加工处理，从而获得与基体材料不同的各种特性。材料的处理主要是指对金属材料的各种处理，对非金属材料的特殊处理一般在出厂之前就已完成，在机器人应用的相关行业很少需要对非金属材料进行进一步处理。常用的处理方法有热处理和表面处理。

5.4.2.1 金属材料的热处理

金属热处理是机械制造中的重要工艺之一，是将固态金属或合金采用适当的方式进行加热、保温和冷却，改变材料内部组织结构，从而获得改善材料性能的工艺。与其他加工工艺相比，热处理一般不改变工件的形状和整体的化学成分，而是通过改变工件内部的显微组织或改变工件表面的化学成分，赋予或改善工件使用性能。其特点是改善工件的内在质量，而这一般是肉眼所不能看到的。热处理可以提高金属材料的使用性能，充分发挥其性能潜力，因此热处理得到了广泛的应用，常用热处理方法如图 5-27 所示。

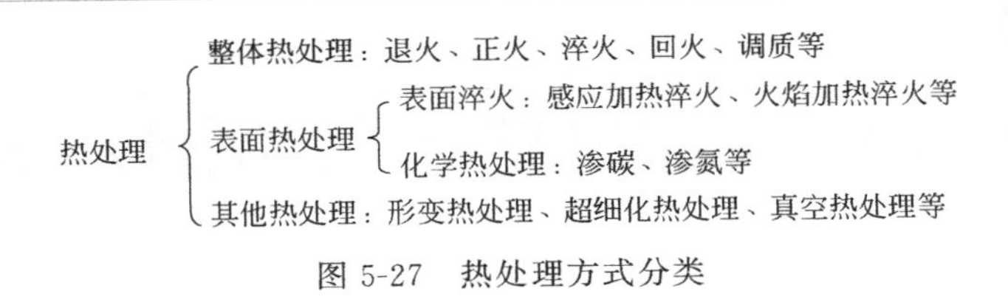

图 5-27 热处理方式分类

热处理的种类和方法有很多，广义的热处理还包括深冷处理，热处理方式大致分类如图 5-27 所示，在此不再展开介绍，工程师需要使用时，查阅相关资料理解后，准确选用即可。

5.4.2.2 金属材料的表面处理

表面处理技术是在零件的基本形状和结构形成之后，通过不同的工艺方法对零件表面加工处理，使其获得与基体材料性能不同的性能的专门技术，它是跨多种学科的通用技术。研究应用和发展表面处理技术，对于提高零件的使用寿命和可靠性、充分发挥材料的潜力、提高产品质量以及推动新技术的发展等都具有十分重要的意义。按照表面处理技术的特点，表面处理方式大致分类如图 5-28 所示。

近年来，冷补焊、铸件微孔浸渗等新表面处理技术的快速发展进一步推动了机械工业的生产。

表面处理技术：
- 表面合金化技术：喷焊、堆焊、离子注入、激光渗碳、热渗镀
- 表面覆层、覆膜技术：气相沉积、涂装、电镀、化学镀、热喷镀、热浸镀
- 表面组织转化技术：喷丸、滚压、抛光、激光强化、电子束热处理

图 5-28　表面处理方式分类

机器人系统相关的零部件的选材和处理可以大概总结为：大结构件（低碳钢或低碳合金钢）焊接后去应力退火、喷漆处理；夹具靠山接触件（中碳钢）淬火处理；轴类及关键零部件（含铬、钼元素中碳钢）的调质处理；夹爪、抓手类零部件（轻量化材料）的表面处理；各类耐磨件治具、定位块、限位块（非金属材料）的外观美化设计处理等。

5.5 机器人系统零部件的检验检测方法

质量检验是采用一定检验测试手段和检查方法测定产品的质量特性，并把测定结果同规定的质量标准作比较，从而对产品作出合格或不合格判断的质量管理方法。质量检验的目的在于：保证不合格的原材料不投产，不合格的零件不转下工序，不合格的产品不出厂；收集和积累反映质量状况的数据资料，为测定和分析工序能力、监督工艺过程、改进质量提供信息。质量检验贯穿公司生产的每一个环节。

5.5.1 质量检验体系

质量管理体系（Quality Management System，QMS）是指在质量方面指挥和控制组织的管理体系。质量管理体系是组织内部建立的、为实现质量目标所必需的、系统的质量管理模式，是组织的一项战略决策。

对质量管理体系的要求，国际标准化组织质量管理和质量保证技术委员会

制订了 ISO 90000 族系列标准，以适用于不同类型、产品、规模与性质的组织，该类标准由若干相互关联或补充的单个标准组成，其中为大家所熟知的是 ISO 9001《质量管理体系要求》，它提出的要求是对产品要求的补充，在此标准基础上，不同的行业又制订了相应的行业技术规范。

在质量管理中，加强质量检验的组织和管理工作是十分必要的。我国在长期管理实践中已经积累了一套行之有效的质量检验的管理原则和制度，主要有：

① 三检制，是指操作者的自检、工人之间的互检和专职检验人员的专检相结合的一种检验制度。

② 重点工序双岗制，是指操作者在进行重点工序加工时，应有检验人员在场，必要时应有技术负责人或用户的验收代表在场，监视工序必须按规定的程序和要求进行。

③ 留名制，是指在生产过程中，从原材料进厂到成品入库出厂，每完成一道工序、改变产品的一种状态，包括进行检验和交接、存放和运输，责任者都应该在工艺文件上签名，以示负责。特别是成品出厂检验单上必须有检验员签名或加盖印章，这是一种重要的技术责任制。

④ 质量复查制，是指某些生产重要产品的企业，为了保证交付产品的质量或参加试验的产品稳妥可靠、不带隐患，在产品检验入库后的出厂前，要与产品设计、生产、试验及技术部门的人员进行复查。

⑤ 追溯制，也叫跟踪管理，就是在生产过程中，每完成一个工序或一项工作，都要记录其检验结果及存在问题，记录操作者及检验者的姓名、时间、地点及情况分析，在产品的适当部位做出相应的质量状态标志。这些记录与带标志的产品同步流转。

⑥ 统计和分析制，质量统计和分析就是指企业的车间和质量检验部门根据上级要求和企业质量状况，对生产中各种质量指标进行统计汇总、计算和分析，并按期向厂部和上级有关部门上报，以反映生产中产品质量的变动规律和发展趋势，为质量管理和决策提供可靠的依据。

⑦ 不合格品管理，不合格品管理不仅是质量检验的重要内容，而且是整个质量管理工作的重要内容。需要对不合格品进行标记、隔离、报废或返工、让步使用等相应的处理办法。

5.5.2 检验方法的分类

检验方法的种类很多，可按照不同的类别进行划分。

（1）按生产过程的顺序分类

① 进货检验，企业对所采购的原材料、外购件、外协件、配套件、辅助材料、配套产品以及半成品等在入库之前进行的检验。可防止不合格品进入仓库，防止由于使用不合格品而影响产品质量，影响正常的生产秩序。

② 过程检验，也称工序过程检验，是在产品形成过程中对各生产制造工序中产生的产品特性进行的检验。保证各工序的不合格品不流入下道工序，防止对不合格品的继续加工，确保正常的生产秩序。起到验证工艺和保证工艺按要求贯彻执行的作用。

③ 最终检验，也称为成品检验，成品检验是在生产结束后产品入库前对产品进行的全面检验。防止不合格产品流向顾客。检验不合格的成品，应全部退回车间作返工、返修、降级或报废处理。

（2）按检验地点分类

① 集中检验，把被检验的产品集中在一个固定的场所进行检验，如检验站等。一般最终检验采用集中检验的方式。

② 现场检验，也称为就地检验，是指在生产现场或产品存放地进行检验。一般过程检验或大型产品的最终检验采用现场检验的方式。

③ 流动检验，检验人员在生产现场应对制造工序进行巡回质量检验。检验人员应按照控制计划、检验指导书规定的检验频次和数量进行检验，并作好记录。

（3）按检验方法分类

① 理化检验，是指主要依靠量检具、仪器、仪表、测量装置或化学方法对产品进行检验，获得检验结果的方法。

② 感官检验，也称为官能检验，是指依靠人的感觉器官对产品的质量进行评价或判断。如对产品的形状、颜色、气味、伤痕、老化程度等的检验，通常是依靠人的视觉、听觉、触觉或嗅觉等感觉器官进行，并判断产品质量的好

坏或合格与否。

（4）按被检验产品的数量分类

① 全数检验，也称为100%检验，是对所提交检验的全部产品逐件按规定的标准检验。应注意，由于错验和漏验，即使全数检验也不能保证百分之百合格。

② 抽样检验，是按预先确定的抽样方案，从交验批次产品中抽取规定数量的样品构成一个样本，通过对样本的检验推断批次合格或批次不合格。

③ 免检，主要是对经国家权威部门产品质量认证合格的产品或信得过产品在买入时执行免检，接收与否可以以供应方的合格证或检验数据为依据。

（5）按质量特性的数据性质分类

① 计量值检验，需要测量和记录质量特性的具体数值，取得计量值数据，并将数据值与标准对比，判断产品是否合格。

② 计数值检验，在工业生产中，为了提高生产效率常采用界限量规，如塞规、卡规等，进行检验。所获得的质量数据为合格品数、不合格品数等计数值数据，而不能取得质量特性的具体数值。

（6）按检验后样品的状况分类

① 破坏性检验，指只有将被检验的样品破坏以后才能取得检验结果的检验。经破坏性检验后，被检验的样品完全丧失了原有的使用价值，因此抽样的样本量小，检验的风险大。

② 非破坏性检验，是指检验过程中产品不受到破坏，产品质量不发生实质性变化的检验。如零件尺寸的测量等大多数检验都属于非破坏性检验。

（7）按检验目的分类

① 生产检验，是指生产企业在产品形成的整个生产过程中的各个阶段所进行的检验，目的在于保证生产企业所生产产品的质量。生产检验执行自己的生产检验标准。

② 验收检验，是需方在验收供方提供的产品时所进行的检验。验收检验的目的是需方为了确保验收产品的质量。验收检验执行与供方确认后的验收检验标准。

③ 监督检验，是指经各级政府主管部门授权的独立检验机构，按质量监督管理部门制订的计划，从市场抽取商品或直接从生产企业抽取产品所进行的

市场抽查监督检验。监督检验的目的是对投入市场的产品质量进行宏观控制。

④ 验证检验，是指各级政府主管部门授权的独立检验机构，从企业生产的产品中抽取样品，通过检验验证企业所生产的产品是否符合所执行的质量标准要求的检验。如产品质量认证中的型式试验就属于验证检验。

⑤ 仲裁检验，是指当供需双方因产品质量发生争议时，由各级政府主管部门授权的独立检验机构抽取样品进行检验，检验结果提供给仲裁机构作为裁决的技术依据。

（8）按供需关系分类

① 第一方检验，是指生产企业对自己所生产的产品进行的检验。第一方检验实际就是组织自行开展的生产检验。

② 第二方检验，是指需方对采购的产品或原材料、外购件、外协件及配套产品等所进行的检验。第二方检验实际就是需方对供方开展的检验和验收。

③ 第三方检验，由各级政府主管部门授权的独立检验机构（称为第三方）对产品进行的检验。第三方检验包括监督检验、验证检验、仲裁检验等。

（9）按检验系统组成部分分类

① 逐批检验，是指对生产过程所生产的每一批产品逐批进行的检验。逐批检验的目的在于判断批产品的合格与否。

② 周期检验，是指对逐批检验合格的某批或若干批产品按确定的时间间隔（季或月）进行的检验。周期检验的目的在于判断周期内的生产过程是否稳定。

周期检验和逐批检验构成企业的完整检验体系。周期检验是为了判定生产过程中系统因素作用的检验，而逐批检验是为了判定随机因素作用的检验。二者是投产和维持生产的完整的检验体系。

（10）按检验的效果分类

① 判定性检验，是依据产品的质量标准，通过检验判断产品合格与否的符合性判断。

② 信息性检验，是利用检验所获得的信息进行质量控制的一种现代检验方法。

③ 寻因性检验，是在产品的设计阶段，通过充分的预测寻找可能产生不合格产品的原因，有针对性地设计和制造防错装置用于产品的生产制造过程，

杜绝不合格品的产生。

5.5.3 机器人系统零部件的检验内容

不同机械设备上的零部件，其各自的要求及重要性是不一样的，因此其检测项目也有所不同，一般可从以下方面对机械零件进行检验。

① 零件的外观及表面质量，主要检查表面粗糙度、疲劳剥落、腐蚀麻点、裂纹及刮痕、发黑、喷漆焊缝外观等。

② 零件的几何形状精度，主要检验项目有尺寸、圆度、圆柱度、平面度、直线度、线轮廓度与面轮廓度。

③ 零件的表面相互位置精度，检验项目有同轴度、对称度、位置度、平行度、垂直度、斜度以及跳动。

④ 零件的内部缺陷，主要检查零件内部是否有裂纹、气孔、疏松、夹杂等。

⑤ 零件的物理力学性能，主要检查硬度、硬化层深度、磁导率等。

⑥ 零件的重量与平衡，对活塞、活塞连杆组的重量差进行检查。对一些高速转动的零部件，如曲轴飞轮组，进行动平衡检查。在没有动平衡检验设备时，若进行拆卸和加工修理，要注意不破坏原来的平衡。

5.5.4 机器人系统零部件的检验方法

目前，机械零件常用的检测方法有检视法、测量法和隐蔽缺陷的无损检测法等。一般根据生产具体情况选择相应的检测方法，以便对零件的技术状态做出全面、准确的鉴定。

（1）检视法

它主要是凭人的器官（如眼睛、手和耳等）感觉或借助简单工具（如放大镜、手锤、标准块等）进行检验、比较和判断零件技术状态的一种方法。此法简单易行，不受条件限制，因而普遍采用。但检验的准确性主要依赖检查人员的生产实践经验，且只能作定性分析和判断。

（2）测量法

用测量工具和仪器对零件的尺寸精度、形状精度及位置精度进行检测。该方法是应用最多、最基本的检查方法。

一般采用通用量具，如游标量具、螺旋测微量具、量规等，借助大理石平台对尺寸精度和形状精度进行检验，用粗糙度仪或粗糙度比对块对粗糙度进行检验。一般采用专用芯轴、量规与百分表等通用量具相互配合，或采用高度尺、V形块配合大理石平台，或直接使用三坐标测量仪进行位置精度测量。

（3）对物理力学性能的专机试验法

一些结构件的结构力需要用试验机进行拉压破坏性试验检验；一般硬度采用洛氏硬度计进行检测，对表面渗氮零件的硬度可用专用的维氏硬度计进行测量；零件表面硬度的深度可用超声波表面硬度计进行测量，橡胶零件采用专用邵氏硬度计进行测量等。

（4）隐蔽缺陷的无损检测

无损检测主要是确定零件隐蔽缺陷的性质、大小、部位及其取向等，因此在具体选择无损险测方法时，必须结合零件的工作条件综合考虑其受力状况、生产工艺、检测要求及经济性等。目前，生产中常用的无损检测方法主要有磁粉法、渗透法、超声波法和射线法等。

零件检验必须注意结合零件的特殊要求进行相应的特殊试验，如高速运动的平衡试验、弹性件的弹性试验以及密封件的密封试验等，只有这样才能对零件的技术状态做出全面、准确的检验及鉴定。

5.6 机器人系统装配调试要点

机器人系统的装配与调试与一般设备的装调有一定的相通性，又有自身的特点，设备大多属于比较紧密的零部件，价值也比较高，在装配操作过程中要仔细、小心，不可野蛮操作。

系统的装配大概分为安装调试前的准备工作、公司内部的安装初调、发货至客户现场安装调试。

5.6.1 安装调试前的准备工作

安装调试前的准备工作包括标准件的开箱清点检查、加工零件检验、相关工具的准备、辅助设备的准备工作等。

（1）标准件的收货检查

主要针对机器人、伺服等重要标准件进行收货检验，需要上电动作，检查是否有不正常噪声，外观是否有受损、受潮等现象，振动标志是否已发生变化，型号功能等是否和订货要求一致，合格证是否齐全。

（2）加工零件检验

加工零件采用视检法、测量法、物理性能专机检验法和相关的无损检验法检验后，进入车间装配调试。在机器人系统中，大部分精度要求不高的焊接结构件只做一般的测量检验或直接试装配，但是对于影响运动精度的大型结构件的平面度、平行度必须严格全检，对于影响使用寿命的夹具类零件的硬度、对有配合关系的尺寸和轴承位必须要使用检测器具全检。

（3）常用工具及辅助设备的准备

常用的扳手、套筒等工具需要准备好备用，辅助的气源、测试台、专用测试工具、水平仪、桁吊、叉车等辅助设备也需要准备好备用。

（4）材料管理

质检部门对进入装配车间的零部件进行数量验收和质量认证，做好相应的验收记录和标识以及相应的台账。不合格的材料应更换、退货或让步接收，严禁使用不合格的零部件。进入装配车间的零部件应有生产厂家的材质证明，包括厂名、品种、出厂日期、出厂编号、试验数据、热处理圆图记录仪的实际炉温曲线图和出厂合格证等，这些合格证文件都需要在设备交付时一并交付给客户，并复印在说明书的附页中。

（5）设备的基础及放线准备

设备的基础包括公司内部调试的设备基础和客户现场的基础施工。如果是生产单件小批的设备，公司内部的基础可以是简易基础，在发货前完成设备的动作逻辑和一定速度下的试车即可；如果是批量的设备，可以做一些试车专用基础，方便在公司内部对设备进行试车、测试等工作。

客户现场的基础是依据设备布置图和有关建筑物的轴线或边沿线和标高线划定安装基准线。互相有连接、衔接或排列关系的设备，应放出共同的安装基准线，必要时应埋设一般的或永久的标板或基准点，设置具体基础位置线及基础标高线。基础的施工需要严格按照设计要求进行，新制作的基础需要用高标号的水泥浇筑，并养护一个月以上，特别是在有挖地坑或浇筑地台的情况下，更需考虑加强筋的设置等，以确保设备基础的牢固可靠。一般情况下，机器人工作站项目，如果不需特殊的基础施工，需要地坪承载 $5t/m^2$ 以上，水泥厚度在 20cm 以上；如需新做基础，建议不少于 C30 以上混凝土建筑。

（6）机器人工作站的一般环境要求

机器人工作站系统一般要求环境温度控制在－10～＋45℃；相对湿度小于80％；压缩空气控制在 0.5～0.8MPa 接至现场，并保证一定的供气量；其他相关气源、液源等供应至现场；电源为三相 380V、频率 50Hz，根据设计要求，使用相应粗细的电缆接至现场备用。

5.6.2 公司内部的安装初调

将设备按照装配图装配后，手动调试动作，检测干涉等，如发现问题及时修正，直至完善。上电，编程，点动，完成逻辑；根据逻辑，连续运行，空载试车，带料试车，直至成品出件。

完成以上工作后，可以通知客户至公司现场进行预验收等工作，在预验收相关整改完成后，即可发货至客户现场安装调试。

5.6.3 客户现场的安装、调试、交付工作

设备发货至客户现场，需要根据设计参数和指标对设备进行安装、接线、调试和试生产。

（1）设备的安装

将设备安装至已准备好的基础上后，需要对安装精度进行检测与调整，精度检测与调整是机械设备安装工程中关键的一环，是安装工程质量的重要指标，它几乎包括了所有位置精度项目和部分形状精度项目，涉及误差分析、尺寸链原理以及精密测量技术。

精度检测是检测设备、零部件之间的相对位置误差，如垂直度、平行度、同轴度误差等。调整是根据相关技术规范、设备安装的技术要求和精度检测的结果，调整设备自身和相互的位置状态，例如设备的水平度、垂直度、平行度等。常用的设备有水平仪、激光跟踪仪等。

设备精度检验、调整好之后，需要将设备牢固地固定在设备基础上，尤其对于重型、高速、振动大的机械设备，如果没有牢固的固定，可能导致重大事故的发生。常规设备可以使用化学螺栓、膨胀螺栓进行固定，对于新建的较为重要基础可以预埋合金材料螺栓进行处理。

（2）设备的调试工作

设备安装完毕后，需要对设备进行最终调试，包括按照技术要求、技术图纸规定对产品进行编程、示教，动作顺序的 PLC 编程，人机界面的编程，安全保护的编程，试运转、试生产等，直至生产出合格的产品。

（3）设备的交付工作

设备的交付首先需要针对技术协议的品牌和合同进行实物的清点、登记和检查，对其中的重要零部件按质量标准进行检查验收，查验后，双方签字、移交。其次需要对客户使用者进行培训，反复操练，直至能够完全独立操作设备为止。

另外，还需要向客户交付设备的文档资料，如零部件合格证及保修卡、设备出厂的合格证、装配图、使用说明书、维护保养说明书、耗材零件图、电气原理图、程序图等纸质和电子文档。

5.6.4 影响设备精度的因素及其控制方法

设备安装过程中出现的影响因素，都会有相对应的解决办法，需要工程师在项目实施之前多加考虑。

（1）影响设备精度的因素

① 基础的施工质量及精度，包括基础的外形几何尺寸、位置、不同平面的标高、上平面的平整度和与水平面的平行度偏差、基础的强度、刚度、沉降量、倾斜度及抗震性能等。

② 垫铁、地脚螺栓的安装质量及精度，包括垫铁本身的质量、垫铁的接触质量、地脚螺栓与水平面的垂直度、二次灌浆质量、垫铁的压紧程度及地脚螺栓的紧固力矩等。

③ 设备测量基准的选择直接关系到整台设备安装找正找平的最后质量。安装时测量基准通常选在设备底座、机身、壳体、机座、床身、台板、基础板等的加工面上。

④ 设备的零部件的装配精度，包括各运动部件之间的相对运动精度，配合表面之间的配合精度和接触质量，这些装配精度将直接影响设备的运行质量。

⑤ 测量装置的精度必须与被测量装置的精度要求相适应，否则达不到装配安装质量要求。

⑥ 设备内应力的影响，设备在制造和安装过程中所产生的内应力将使设备产生变形而影响设备的安装精度。因此，在设备制造和安装过程中应采取防止设备产生内应力的技术措施。

⑦ 温度的变化对设备基础和设备本身的影响很大，尤其是大型、精密设备。

⑧ 操作产生的误差，操作误差是不可避免的，问题的关键是将操作误差控制在允许的范围内。

（2）设备安装精度的控制方法

提高安装精度的方法应从人、机、料、法、环等方面着手，尤其要强调人的作用，应选派具有相应技术水平的人员去从事相应的工作，采用适当、先进的施工工艺，配备完好适当的施工机械和适当精度的测量器具，在适宜的环境下操作，以提高安装质量，保证安装精度。

① 根据设备的设计精度和结构特点，选择适当、合理的装配和调整方法。采用可补偿件的位置或选择装入一个或一组合适的固定补偿件的办法进行调

整，抵消过大的安装累计误差。

② 选择合理的检测方法，包括检测仪和测量方法，其精度等级应与被检测设备的精度要求相适应。

③ 必要时选用修配法，修配法是对补偿件进行补充加工，抵消过大的安装累计误差。当调整法解决不了时才使用修配法。

④ 合理确定偏差及其方向，设备安装时允许有一定的偏差，如果安装精度在允许范围之内，则设备安装为合格。但有些偏差有方向性，这在设备技术文件中一般有规定。当设备技术文件中无规定时，可按下列原则进行：有利于抵消设备附属件安装后重量的影响；有利于抵消设备运转时产生的作用力的影响；有利于抵消零部件磨损的影响；有利于抵消摩擦面间油膜的影响。设备精度偏差方向的确定是一项复杂的、技术性极强的工作，对于一种偏差方向，往往要考虑多种因素，应以主要因素来确定安装精度的偏差方向。

5.6.5 设备安装时的协调管理

设备安装时的协调管理包括内部协调管理和外部协调管理，这两部分都是设备安装时的重要工作内容，协调不到位容易影响工程施工进度。

（1）内部协调管理

从事机器人系统安装工程施工的企业，其施工活动的管理和技术构成具有与其他施工活动不同的特色，主要表现在管理对象多，专业分工细，既有施工又有制造，涉及机械、电子、电力、供气、供液、交通等各行业相关的学科。因而其员工的构成尤其是技术管理人员和作业人员的素质及配备数量应当与施工对象相称，确保不同种类的施工活动都能顺利进行。

机器人系统安装施工包含了设备安装、电气安装、管道安装、通风与空调安装、自动控制及仪表安装、金属结构或贮罐容器组装、弱电智能化安装等各专业施工活动，因此工程各专业之间的协调和配合，如进度安排、工作面交换、工序衔接、各专业管线的综合布置等都应符合机电安装工艺的客观规律，这个规律体现在符合工程设计要求、创造施工条件、确保工程质量、达到投产程序需要等各个方面。

(2) 外部协调管理

外部协调是指机器人系统安装工程项目经理与相关方之间的协调。机电安装工程在施工过程中，项目经理应对各生产要素进行综合的组织协调与控制，保证工程施工能够科学、有效、顺利地进行。

① 与土建工程的协调配合。无论哪类机器人系统，都离不开与土建工程间的协调配合，只是依据工程性质来区别协调配合的复杂和紧密程度。

② 与其他相关方的协调。机器人系统安装工程中的协调配合还包括与项目外部相关方之间的协调配合，除特殊材料订货采购外，还应注意供电线路的引入、压缩空气的引入、惰性气体的引入、供水管的连通、废弃物运输线的接入、MES通信网络的连通、AGV物料运输系统的接入等。各相关方协调配合的时机与条件，否则会影响已建成项目的顺利投产或使用。

若为实施机器人系统安装总承包的大型工业项目，往往会涉及铁路、港口、航道、主干公路的建设，其接通和投运同样也是不可忽视的。

③ 与监管部门的接口。机电安装工程中，有政府明令监督的特种设备安装、消防设备安装等，应按国家的法律法规和当地监管部门的相关规定列出计划，依法办理报检、过程监督、最终准用等程序的一切法定手续。

总之，设备整体平稳良好运转、顺利投产是综合检验设备制造和安装质量及企业综合能力的最终试金石，涉及的专业多、人员多，须精心组织、统一指挥。

5.7 机器人系统使用注意事项

机器人系统的使用注意事项包括安全、操作、电气、维护和日常保养等相关内容。

5.7.1 机器人系统安全注意事项

工业机器人在空间动作，其动作领域的空间为危险场所，有可能发生意外事故。因此，机器人的安全管理者及从事安装、操作、保养的人员在操作机器人或者工业机器人运行期间要保证安全第一，在确保自身及相关人员及其他人员的安全后才能进行操作。操作人员在使用机器人时需要注意以下事项。

① 避免在工业机器人工作场所周围做出危险行为，如接触机器人或周边机械有可能造成人员伤害。

② 在工厂内，为了确保安全，请严格遵守“严禁烟火”“高电压”“危险”“无关人员禁止入内”等。因为火灾、触电、接触都有可能造成人身伤害。

③ 当机器人运行时，需要与机器人保持足够的安全距离，因为它可能会执行指令动作，产生相当大的力量，从而严重伤及个人或损坏机器人工作范围内的任何设备。

④ 紧急停止优先于任何其他机器人控制操作，它会断开机器人电动机的驱动电源，停止所有运转部件，并切断由机器人系统控制且存在潜在危险的功能部件的电源。机器人在运行中，当工作区域内有工作人员或伤害了工作人员或损伤了机器设备时，请立即按下任意紧急停止按钮。

⑤ 发生火灾时，请确保全体人员安全撤离后再行灭火，应首先处理受伤人员。当电气设备（如机器人或控制器）起火时，使用二氧化碳灭火器，切勿使用水或泡沫灭火器。

5.7.2 机器人系统操作注意事项

在对机器人进行手动或自动操作时，要严格按照操作规程进行，需要格外注意人身安全和设备安全。

① 机器人速度慢，但是很重并且力很大，运动中的停顿或停止都会产生危险，即使可以预测运动轨迹，但外部信号有可能改变操作，会在没有任何警告的情况下，产生意想不到的运动。因此，当进入保护空间时，务必遵循相关的设备安全规定。

② 在手动减速模式下，机器人只能减速至250mm/s或更慢操作。只要在安全保护空间之内工作，就应始终以手动速度进行操作。手动全速模式下，机器人以程序预设速度移动。手动全速模式仅用于所有人员都位于安全保护空间之外，而且操作人员必须经过特殊训练，熟知潜在的危险。

③ 自动模式用于在生产中运行机器人程序。在自动模式操作情况下，常规模式停止机制、自动模式停止机制和上级停止机制都必须处于激活状态。

④ 绝对不要倚靠在工业机器人及周边设备或者其他控制柜上，不要随意按动开关或者按钮，否则机器人会发生意想不到的动作，造成人身伤害或者设备损害。

⑤ 通电中，禁止未接受培训的人员触摸机器人控制柜和示教编程器，否则机器人会发生意想不到的动作，造成人身伤害或者设备损害。

⑥ 应正确操作附属设备中的夹具、抓具等，如果不按照正确方法操作，工件会脱落并导致人身伤害或设备损坏。

5.7.3 机器人系统电气注意事项

在电气使用和逻辑上都需要对人身及设备做充分的保护。

① 注意旋转或运动的工具，例如切削工具和锯。确保在接近机器人之前，这些工具已经停止。

② 注意工件和机器人系统的高温表面。机器人电动机长期运转后温度很高。

③ 注意液压、气压系统以及带电部件。即使断电，这些电路上的残余电量也很危险。

④ 示教器的安全。示教器是一种高品质的手持式终端，它配备了高灵敏度的流电子设备。为避免操作不当引起的故障或损害，请小心操作，不要摔打、抛掷或重击，使用和存放时应避免被人踩踏电缆。

⑤ 静电放电防护。静电放电是电势不同的两个物体间的静电传导，搬运部件或部件容器时，未接地的人员或设备可能会传导大量的静电荷。放电过程可能会损坏敏感的电子设备，所以要做好静电放电防护。

5.7.4 机器人系统保养及维护相关注意事项

在进行机器人的维修和保养时切记要将总电源关闭。带电作业可能会产生致命性后果。需要按照操作规程严格执行。

① 不要强制搬动、悬吊、骑坐在机器人上，以免发生人身伤害或设备损坏。

② 需要按照保养手册规定的点检项目，对机器人系统每天、每月、每年度进行保养和维护。

③ 需要根据机器人系统的润滑点指导内容，按照规定周期进行加注或更换相应的润滑油。

在整个机器人系统中，使用和维护的好坏对整个设备的性能可能会产生重要的影响，所以需要严格按照操作手册规定的方法和步骤进行使用和维护。

5.8 通常执行的设计和试样检验标准

在机器人系统装备制造的过程中，设计、制造和检验方面都有国家或行业标准，在这些环节中需要遵守相应的国家或行业标准，甚至更为严格的企业标准。

国际标准是指国际标准化组织制订的相关标准。国际标准化组织是世界上最大的非政府性标准化专门机构，它在国际标准化中占主导地位。ISO 的主要活动是制订国际标准，协调世界范围内的标准化工作，组织各成员国和技术委员会进行情报交流，以及与其他国际性组织进行合作共同研究有关标准化问题。随着国际贸易的发展，对国际标准的要求日益提高，ISO 的作用也日趋扩大，世界上许多国家对 ISO 也越加重视。

国家标准是指对全国经济技术发展有重大意义，需要在全国范围内统一技术要求所制订的标准。国家标准在全国范围内适用，其他各级标准不得与之相抵触。国家标准是四级标准体系中的主体。国家标准的年限一般为五年，过了年限后，国家标准就要被修订或重新制订。国家需要随着社会的发展，制订新的标准来满足需要，因此标准是动态信息。

行业标准是指国务院有关主管部门对没有国家标准而又需要在全国某个行业范围内统一技术要求所制订的标准。行业标准是对国家标准的补充，是专业性、技术性较强的标准。行业标准的制订不得与国家标准相抵触，国家标准公布实施后，相应的行业标准即行废止。

企业标准是指企业所制订的产品标准和在企业内需要协调、统一技术要求和管理工作所制订的标准。企业标准是企业组织生产、经营活动的依据。已有国家标准、行业标准和地方标准的产品，原则上企业不必再制订企业标准，一般只要贯彻上级标准即可。只有在上级标准范围较广，细则不清的情况下，才会在上级标准的基础之上制订相应的更为详细、严格的标准。

推荐性标准又称为非强制性标准或自愿性标准，是指在生产、交换、使用等方面通过经济手段或市场调节而自愿采用的一类标准。这类标准不具有强制性，任何单位均有权决定是否采用，违反这类标准不构成经济或法律方面的责任。应当指出的是，推荐性标准一经接受并采用，或各方商定同意纳入经济合同中，就成为各方必须共同遵守的技术依据，具有法律上的约束性。

国外先进标准是指未经 ISO 确认、公布的其他国际组织的标准。国际上有权威的区域标准、世界主要经济发达国家的国家标准、通行的团体标准和企业标准中的先进标准。世界上经济发达国家的国家标准是指美国国家标准 ANSI、英国国家标准 BS、德国国家标准 DIN、日本国家标准 JIS 等。此外，还有一些国家某行业的国家标准，如瑞士的手表标准、瑞典的轴承钢标准、比利时的钻石标准等。国际上通行的团体标准有美国石油学会的 API 标准、美国试验与材料协会 ASTM 标准、美国军工 MII 标准、美国机械工程师协会 ASME 标准、美国电气制造商协会 MEMA 标准、英国劳氏船级社的 LR 标准等。

对产品结构、规格、质量和检验方法所做的技术规定，称为产品标准。产品标准按其适用范围，分别由国家、部门和企业制订，它是一定时期和一定范围内具有约束力的产品技术准则，是产品生产、质量检验、选购验收、使用维护和洽谈贸易的技术依据。主要内容包括：产品的适用范围；产品的品种、规格和结构形式；产品的主要性能；产品的试验、检验方法和验收规则；产品的包装、储存和运输等。

我国开始制订标准的时候，有些标准直接采用国际标准，即我国标准在技术内容上与国际标准完全相同，编写上不作或稍作编辑性修改；对有些国外先进标准进入分析研究，不同程度地纳入我国的各级标准中，并贯彻实施以取得最佳效果。

GB 表示国家强制标准；GB/T 为国家推荐性标准；GB/Z 为国家标准化指导性文件。

5.8.1 机器人系统中通常采用的设计标准

机器人系统中常用的设计标准如表 5-2 所示。

表 5-2 机器人系统中常用的设计标准

标准号	标准名称
GB 11291—1997	《工业机器人安全规范》
GB 12265.1—1997	《机械安全防止上肢触及危险区的安全距离》
GB 12265.3—1997	《机械安全避免人体各部位挤压的最小间距》
GB 16754—1997	《机械安全急停设计原则》
GB/T 12212—1990	《技术制图焊缝符号的尺寸、比例及简化表示法》
GB/T 131—1993	《机械制图表面粗糙度符号、代号及其注法》

5.8.2 机器人系统中通常采用的制造标准

机器人系统中常用的制造标准如表 5-3 所示。

表 5-3 机器人系统中常用的制造标准

标准号	名称
GB 9448—1999	《焊接与切割安全》
GB/T 1173—1995	《铸造铝合金》
GB/T 12470—2003	《埋弧焊用低合金钢焊丝和焊剂》
GB/T 15826.1—1995	《锤上钢质自由锻件机械加工余量与公差一般要求》
GB/T 10635—2003	《螺钉旋具通用技术条件》
GB/T 6471—2004	《内圆磨床参数》
GB/T 6474—1986	《导轨磨床参数》
GB 10051.3—1988	《起重吊钩、直柄吊钩使用检查》
GB 16804—1997	《气瓶警示标签》
GB 50661—2011	《钢结构焊接规范》

5.8.3 机器人系统中通常采用的检验标准

机器人系统中常用的检验标准如表5-4所示。

表5-4 机器人系统中常用的检验标准

标准号	名称
GB/T 10610—1998	《产品几何技术规范、轮廓法评定表面结构的规则和方法》
GB/T 11336—2004	《直线度误差检测》
GB/T 11337—2004	《平面度误差检测》
GB/T 13311—1991	《锅炉受压元件焊接接头机械性能试验方法》
GB/T 13320—1991	《钢质模锻件金相组织评级图及评定方法》
GB 50205—2001	《钢结构工程施工质量验收》

以上只是简单列举了少量在工作中经常用到的标准，其他还有很多，不再列举。在正常的设计中，工程师主要还是靠自身积累的经验对项目的大小结构进行把控，不可能每一项设计都要去翻看设计标准，但是在设计关键性的结构等时，需要多参照标准，来料检验和设备出货前的成品检验的检验流程、检验指标都要满足国家强制标准或更为严格的企业标准[12]。

5.9 图纸的管理及相关流程

每一个企业对图纸及图纸的管理都会有不一样的要求，但是这些不一样的要求又有共性，都是为了最大限度地发挥图纸在工作中的作用，提高图纸利用率，避免因图纸管理不当造成损失，方便相关人员使用和查验，方便公司对图档进行保密等。

图纸包括公司设计人员绘制的产品设计概念图、零件图、工艺图、装配图、设备布局图等。

5.9.1 图纸本身的设计要素

图纸的绘制必须符合国家和行业相关标准，图纸的标题栏、图框、技术说明等格式必须采用国家或企业统一的标准、格式。

设计零件图时，标注基准必须做到三基合一，同时图纸还应包含完整表达的视图、完全的尺寸、尺寸公差、形位公差、材料名称、热处理方法、表面处理方法、零件重量、技术要求、表面粗糙度、三维视图、零件名及其他相关的特殊要求等，装配图还要包含零件数量、装配要求、配合关系等。

5.9.2 图纸的管理

（1）图纸的打印与发放

部门领导审核完电子版图纸确认没有问题之后，方可进行纸质图纸的打印。正式的产品设计图纸和工艺卡图纸原则上必须经过设计、核准、审核三道会签程序，每道把关必须签名并签署日期。所有正式图纸都必须加盖“受控”章才有效。

零件图加盖“受控”章后发给采购部和质检部，装配图加盖“受控”章后发给生产部，设备布局图等加盖“受控”章后发给销售部提供给客户。电子版图纸统一存于系统网盘里，项目完成后，须将系统网盘里的相关电子版图纸进行备份存档。

（2）图纸的更改

产品生产过程中，凡涉及图纸问题，负责人员要快速反馈到设计部，由设计部决定是否更改图纸；采购过程中，若现在市场上的产品无法满足设计要求，采购人员也应及时反馈到设计部，由设计部决定是否更改图纸。

图纸的更改必须由设计部相关设计人员负责，严格遵照相关技术管理程序的有关规定进行，在图纸上标注更改标记、更改位置、更改处数等，并记录更改原因。纸质图纸下发后，如需要更改图纸，需要将相关部门的旧图纸进行更换，并做作废处理。

（3）图纸的收回

为保证加工生产的准确性和设备的保密性，发放的纸质图档不得遗失，破损后可以以旧换新，重新打印。项目结束后，纸质图纸要统一收回，并存档到资料室，以便备查。

（4）外来图纸的管理

外来图纸由设计部归档管理，使用结束后一起随相关项目资料存于资料室。

5.9.3 图档管理的相关流程

图档的图号取用、图档的设计、图档的装订、图档的发放、图档的更改、图档的备份、图档的存档都需要制订相关的流程制度，把设计、采购、质检、生产、销售、档案管理等部门有机地串联在一起。

本章着重介绍了工业机器人系统非标设计的机械结构在系统设计、装配、调试、使用及安全方面的注意点。这些看似杂乱琐碎的工作，实际有一定的规律和原则可寻，工程师需要在实际工作中逐步掌握和积累经验。

第6章 机器人作业系统的安全防护及监控措施

前面章节中或多或少地提到过一些设备安全、机器人操作使用安全方面的注意事项，大多是考虑设备的安全，然而更为重要的是在生产过程中如何对人进行保护，人员安全是生产的前提，是整个企业最重要的环节，不容忽视。本章就从安全规定、安全措施、人员安全意识培养等方面重点讲述机器人系统设备厂家的工程师，必须为客户在人员安全方面做的安全保障事项[13]。

6.1 机器人系统设备的安全规定

操作机器人系统设备前，必须严格阅读、学习说明书中的安全操作规定。机器人系统设备的总体安全规定有以下五点。

① 操作人员必须经过设备供应商的培训，培训合格后方可上岗进行操作，其他人员禁止操作设备。

② 操作人员必须熟悉设备的结构、性能、工作原理、一般故障的处理，如有处理不了的问题，请联系专业维护人员。

③ 操作人员应严格遵守操作规范、巡回检查制度，禁止无关的一切活动，班前不许沾酒，保证精力充沛，在岗时认真、严谨操作。

④ 操作人员上岗前，要将工作服穿戴整齐，衣服袖口要系好，衣服扣子

或拉锁扣好或拉严，女工禁止穿裙子，长发必须盘在帽子内，禁止有被转动部分绞住的现象发生。

⑤ 定岗定员，非操作人员禁止进入工作区域。

6.1.1 机器人系统设备操作使用的安全规定

① 机器人及输送机周围区域必须清洁，无油、水、物料及杂质等。地面有散落的物料时，必须马上清理，防止操作人员因踏在物料上摔伤或摔倒在转动设备内。

② 电机、皮带、链条及露出的轴端防护盖必须盖严。

③ 装卸工件前，先将机械手运动至安全位置，严禁装卸工件过程中操作机器。

④ 不要戴着手套操作示教器和操作面板。如需要手动控制机器人时，应确保机器人动作范围内无任何人员或障碍物，将速度由慢到快逐渐调整，避免速度突变造成伤害或损失。

⑤ 设备运行中，操作人员不得在设备附近休息或堆放杂物。发现设备运转异常及时报告，在紧急情况下，应按有关规程采取果断措施或立即停车。

⑥ 机器人运转过程中，任何人不得越过护栏进入防护区域或将头探过护栏防护区域，如有紧急情况发生，需按下急停按钮，机器人运行停止后，方可进入作业范围。

⑦ 机器人工作时，操作人员应注意查看线缆状况，防止其缠绕在机器人上。线缆不能严重绕曲成麻花状和与硬物摩擦，以防内部线芯折断或裸漏。

⑧ 示教器和线缆不能放置在变位机上，应随手携带或挂在已安装好的底座上。

⑨ 机器人运行过程中，严禁操作者离开现场，如需离开现场，应做好交接工作，以确保意外情况的及时处理。因故离开设备工作区域前应按下急停开关，避免突然断电或者关机导致零位丢失，并将示教器放置在安全位置。

⑩ 工作结束时，应使机械手置于零位位置或安全位置并断电。

6.1.2 机器人系统设备检修时的安全规定

① 当机器人停止工作时，不要认为其已经完成工作了，因为机器人很可能是在等待让它继续移动的输入信号。

② 维护时严禁在控制柜内随便放置配件、工具、杂物、安全帽等，以免影响到部分线路，造成设备的异常。

③ 严格遵守机器的日常维护工作制度，严禁想当然地认为设备停止运转或显示屏黑屏就是已断电，必须确保设备断电，挂上警告牌后方可进行维修维护工作。

以上这些一般性的规定和第5章中的使用设备时的注意事项，需要设备厂家的工程师列在说明书的醒目位置，给客户培训清晰。帮助客户针对不同的工作站类型和生产特点，建立相应的操作安全规定和检修安全规定。

6.2 机器人系统设备上的安全标志

每台设备出厂时，都必须在相应的位置贴上显著的安全标示贴，根据GB 2894—2008《安全标志及其使用导则》实施。安全标志是用以表达特定安全信息的标志，由图形符号、安全色、几何形状或文字构成。安全标志是向工作人员警示工作场所或周围环境的危险状况，指导人们采取合理行为的标志。安全标志能够提醒工作人员预防危险，从而避免事故发生。当危险发生时，能够指示人们尽快逃离，或者指示人们采取正确、有效、得力的措施，对危害加以遏制。安全标志不仅类型要与所警示的内容相吻合，而且设置位置要正确合理，否则就难以真正充分发挥其警示作用。图6-1～图6-5为机器人系统及相关机械设备常用的安全标志，分为禁止标志、警告标志、指令标志、提示标志及补充标志。

① 禁止标志，指示不准或制止人们的某些行动的标志，如图6-1所示。

图 6-1 禁止标志示例

② 警告标志，是警告人们可能发生的危险的标志，如图 6-2 所示。

图 6-2 警告标志示例

③ 指令标志，指示必须遵守的行为的标志，如图 6-3 所示。

图 6-3 指令标志示例

④ 提示标志，指示示意目标的方向的标志，如图 6-4 所示。

(a) 紧急出口

(b) 疏散通道方向

(c) 击碎板面

(d) 滑动开门

图 6-4 提示标志示例

⑤ 补充标志，是对前述四种标志补充说明的标志，以防误解，如图 6-5 所示。

(a) 火警电话

(b) 灭火器

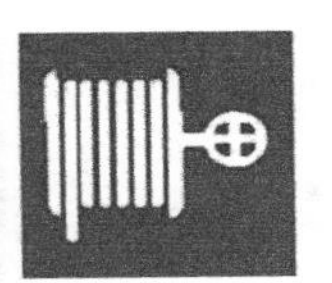
(c) 消防水带

(d) 消防手动启动器

图 6-5　补充标志示例

每种类型的标志都有上百种，需要在合适的地方选用合适的标志，在安全使用机器人系统设备上有一定的警示作用。

6.3 机器人系统设备的物理防护

机器人系统设备中，光有警示性的标志是不够的，必须有一些物理防护，比如常用的防护罩、防护栏、防护幕帘、挡强光幕帘等。

① 防护罩。安全防护罩是为保护操作者人身安全而安装在机械设备上的保护装置，其功能是将人与设备的运动零部件隔离开，使人体任何部位都不能直接进入可能引起机械伤害的危险区域。安全防护罩多采用金属材料制造，以满足强度要求。常见安全防护罩有封闭结构、网状结构或孔眼结构。一般多制成固定式，在经常需要调节或维护的机械部位也常用开启式或可调式。

② 防护栏。防护栏主要用于限制和防止人员随意进入机器人系统工作场所范围内，从而达到消除、减轻安全隐患的目的。防护栏根据使用场所的不同有围网、围栏以及警示带等种类，可分为固定型和临时可伸缩型，分别如图 6-6 和图 6-7 所示。

③ 防护幕帘。防护门需要频繁自动开启和关闭，可以采用软材质的防护幕帘，方便自动控制开闭，如果工作站会产生诸如焊接弧光的强光时，可以在视窗位置设置挡弧光材质的幕帘，用以保护操作者，图 6-8 及图 6-9 所示为两

种不同款式的挡弧光幕帘。

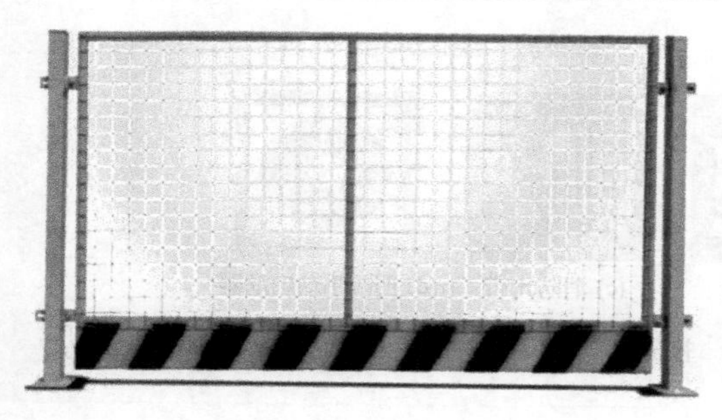

图 6-6　固定式防护栏

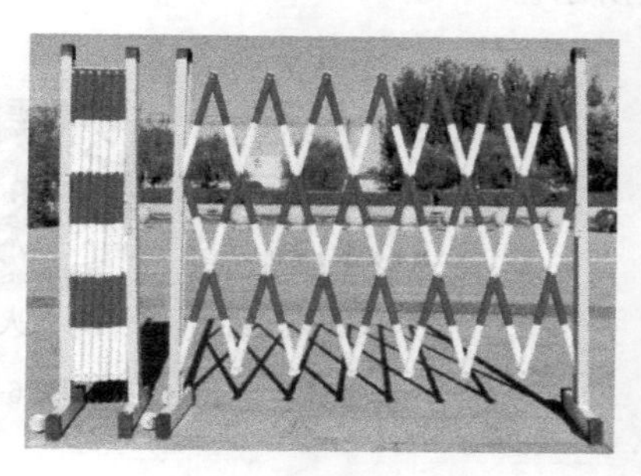

图 6-7　伸缩式防护栏

图 6-8　挡弧光幕帘款式 1

图 6-9　挡弧光幕帘款式 2

6.4 机器人系统设备的光电防护

机器人系统的光电防护是指采用安全光栅、超声波传感器、人体探测传感器等确保设备运行区域没有人，或有人非法闯入时设备立即停止工作。

① 安全光栅。安全光栅是避免人员接近移动机械的一种光电设备，可以避免人员伤亡，这类移动机械有冲床、卷绕机、码垛机、电梯等。安全光栅可以用来代替传统的机械屏障或是其他方式的机械防护。

光栅可布于设备的操作人员出入口、操作人员站立的地面等位置，确保有人侵入或有人处于设备禁止站立区域时采取急停或无法启动措施。

② 超声波传感器。超声波传感器对液体、固体的穿透本领很大，尤其是可穿透不透明的固体。超声波碰到杂质或分界面会产生显著反射形成反射回波，碰到活动物体能产生多普勒效应。超声波传感器广泛应用在工业、国防、生物医学等方面。

超声波传感器在机器人系统相关的自动化装备中常用作 AGV 小车周围的雷达，防止小车在运行过程中和操作人员相碰撞。

③ 人体探测传感器。人体探测传感器是采用微波或红外线的原理，通过非接触探测，可探测到生物体进入不可进入区域，抗干扰能力强，穿透能力强。能够很及时地遏制非法操作和非法入侵。

6.5 机器人系统设备的监控措施

机器人系统是高度集成化、信息化的成套设备，可以对设备的一些违章操作进行记录，可以使用外部摄像头对设备进行一些监控，将违规操作用视频、图像进行记录，形成安全生产报表，呈报给企业的安全部门，也可以定期反馈给设备制造商，指导设备制造企业在必要的位置、程序点等完善相关的安全措施。

6.6 操作人员的安全意识

企业要注意强化操作人员的安全意识，培养按照规章制度执行操作的习惯，生产过程中要紧绷安全弦，做到三不伤害，不可麻痹大意。要从事故中吸取教训，坚持四不放过的原则。

操作人员的安全意识绝不是一句空话，必须要引起注意。每一次大的事故都是从一次次安全意识的忽视开始，形成小的安全隐患，再形成小的事故，如果不从源头上重视安全意识的培养，很可能酿成重特大事故。有关的统计学研究表明，安全忽视、安全隐患、小的安全事故和大的安全事故四者之间有着一定的比例关系，也就是说安全意识的淡漠和安全隐患在一定的累积后，必然会出现安全事故，这是必然，没有侥幸。

不管是管理规定、视觉警示、防护措施还是安全意识，缺一不可，必须引起足够的重视，要以人为本，安全为先。

第7章

机器人作业系统相关的物流、信息等系统

随着计算机芯片和网络 AI 技术的不断发展，信息化和智能化被引入到了制造业领域，这就有了德国的“工业 4.0”和中国的“中国制造 2025”。

7.1 工业 4.0

工业 4.0 是基于工业发展的不同阶段作出的划分。按照目前的共识，工业 1.0 是蒸汽机时代，工业 2.0 是电气化时代，工业 3.0 是信息化时代，工业 4.0 则是利用信息化技术促进产业变革的时代，也就是智能化时代。

德国的工业 4.0 是指利用物联信息系统将生产中的供应、制造、销售信息数据化、智慧化，最后实现快速、有效、个性化的产品供应。

德国的工业 4.0 主要包含以下内容：

一是智能工厂，重点研究智能化生产系统及过程，以及网络化分布式生产设施的实现。

二是智能生产，主要涉及整个企业的生产物流管理、人机互动以及 3D 技术在工业生产过程中的应用等。

三是“智能物流”，主要通过互联网、物联网、物流网整合物流资源，充

分发挥现有物流资源的效率，能够快速获得服务匹配，得到物流支持。

图 7-1 所示为工业自动化发展历程，在编者看来，工业 4.0 的发展正好代表了工业技术发展的四个台阶，工业 1.0 是以老牌工业帝国——英国为代表的国家发生的标准化生产及相关标准制订的时代；工业 2.0 是以欧洲电力发展及相关控制及传感器技术的发展为代表的自动化技术时代；工业 3.0 是指以美国计算机及互联网技术的发展为代表的信息化技术时代；工业 4.0 是指以全球化的 AI 及物联网技术发展为代表的智能化时代[14]。

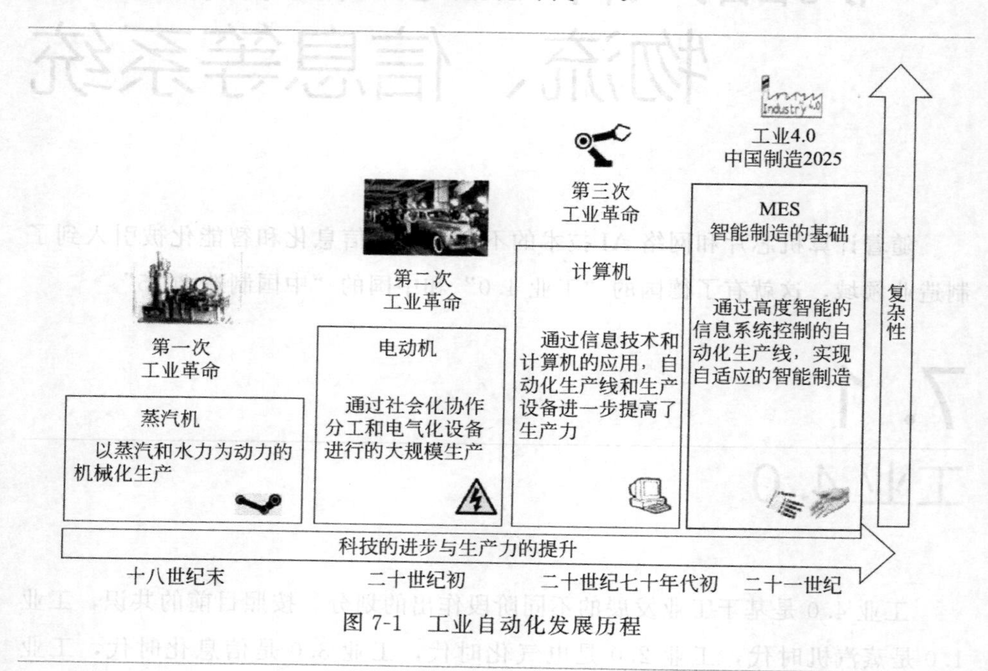

图 7-1　工业自动化发展历程

7.2 ERP

ERP 是一种主要面向制造行业进行物质资源、资金资源和信息资源集成一体化管理的企业信息管理系统。ERP 是一个以管理会计为核心，可以提供跨地区、跨部门甚至跨公司整合实时信息的企业管理软件。将物资资源管理

（物流）、人力资源管理（人流）、财务资源管理（财流）、信息资源管理（信息流）集于一体的企业管理软件。

图 7-2 所示为工业信息化管理层级，ERP 的主要作用是企业各个部门之间的管理，是物流、人流、财流、信息流的管理，它无法进行生产管理，无法对数据进行专业分析，所以它在企业管理中是一个承上启下的角色，对上提供数据给 BI 作分析，对下给 MES 系统下发生产任务。

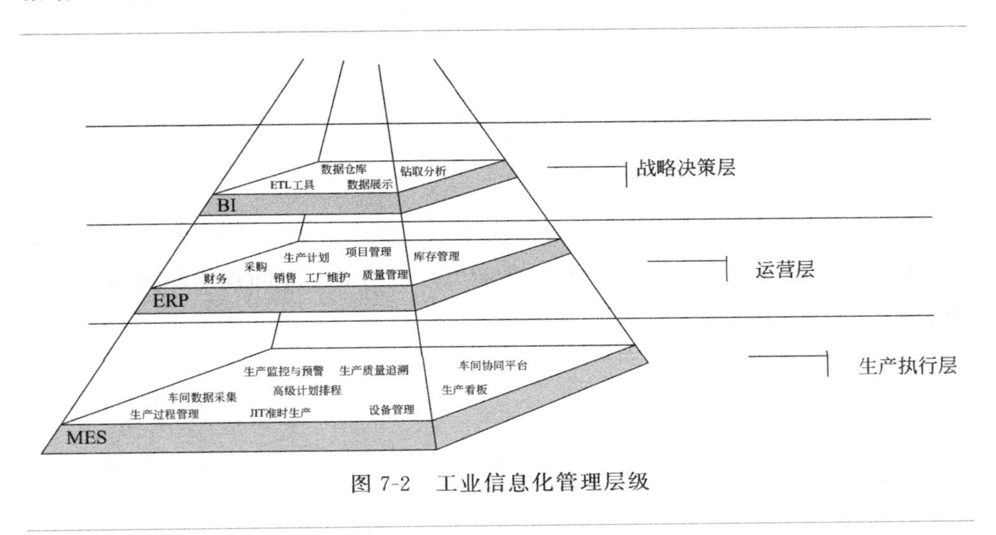

图 7-2　工业信息化管理层级

7.3 MES

MES 是制造企业生产过程执行系统，是一套面向制造企业车间执行层的生产信息化管理系统。

如图 7-3 所示，MES 可以为企业提供制造数据管理、计划排产管理、生产调度管理、库存管理、质量管理、人力资源管理、工作中心及设备管理、工具工装管理、采购管理、成本管理、项目看板管理、生产过程控制、底层数据集成分析、上层数据集成分解等管理模块，为企业打造一个扎实、可靠、全面、可行的制造协同管理平台。

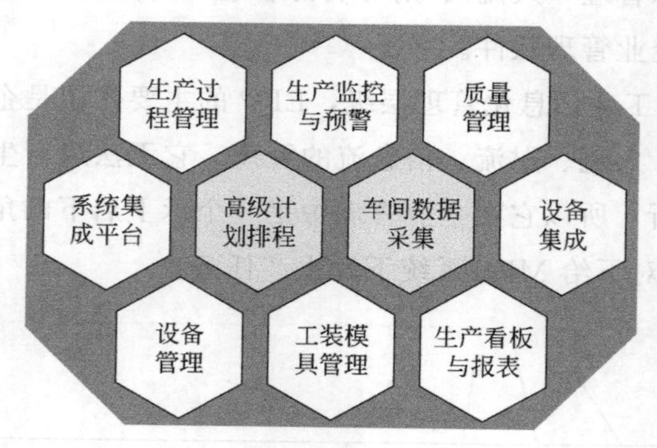

图 7-3　MES 核心功能模块

如图 7-4 所示，MES 侧重车间作业计划的执行，充实了企业在车间控制和车间调度方面的管理能力和信息采集能力，能够胜任车间现场环境多变情况的需求，主要工作是计划、执行和控制。

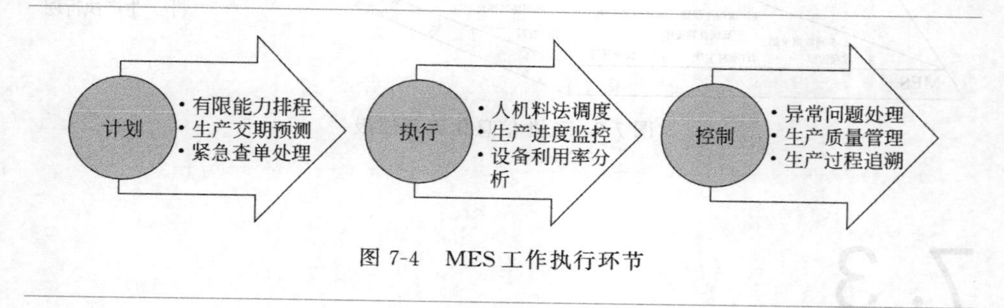

图 7-4　MES 工作执行环节

7.4 BI

BI 是商业智能，它是一套完整的解决方案，用来将企业中现有的数据进行有效的整合，快速准确地提供报表并提出决策依据，帮助企业做出明智的业务经营决策。

商业智能能够辅助业务经营决策，既可以是操作层的决策，又可以是战术层和战略层的决策。为了将数据转化为知识，需要利用数据仓库、联机分析处理（OLAP）工具和数据挖掘等技术。因此，从技术层面上讲，商业智能不是什么新技术，它只是数据仓库、OLAP和数据挖掘等技术的综合运用。

把商业智能看成一种解决方案应该比较恰当。商业智能的关键是从许多来自不同的企业运作系统的数据中提取出有用的数据并进行清理，以保证数据的正确性，然后经过抽取、转换和装载，即ETL过程，合并到一个企业级的数据仓库里，从而得到企业数据的一个全局视图，在此基础上利用合适的查询和分析工具、数据挖掘工具、OLAP工具等对其进行分析和处理，最后将知识呈现给管理者，为管理者的决策过程提供数据支持。

7.5 AGV

AGV是通过电磁或光学自动导引的装置，能够沿规定的导引路径行驶，是具有安全保护以及各种移载功能的运输车。

AGV系统的控制是通过物流上位调度系统、AGV地面控制系统及AGV车载控制系统三者之间的相互协作完成的。

AGV控制系统需解决的主要问题可以比喻为：Where am I?（我在哪里?）Where am I going?（我要去哪里?）How can I get there?（我怎么去?）这三个问题归纳起来分别就是AGV控制系统中的三项主要技术：AGV导航（Navigation），AGV路径规划（Layout designing），AGV导引控制（Guidance）。AGV系统是一套复杂的控制系统，加之不同项目对系统的要求不同，更增加了系统的复杂性，因此系统在软件配置上设计了一套支持AGV项目从路径规划、流程设计、系统仿真到项目实施全过程的解决方案。上位系统提供了可灵活定义AGV系统流程的工具，可根据用户的实际需求来规划或修改路径或系统流程，而上位系统也提供了可供用户定义不同AGV功能的编程语言。

AGV之所以能够实现无人驾驶，导航和导引起着至关重要的作用。随着技术的发展，能够用于AGV导航及导引的技术主要有直接坐标 、电磁导引、磁带导引、光学导引、激光导航、惯性导航、视觉导航、GPS导航等。

7.6 Andon

Andon系统作为精益生产制造管理的一个核心工具，在制造过程中发现生产缺陷或异常时，能通过系统在最短的时间里将信息传递出去，使问题能够快速解决，使生产能够平稳进行，提高效率。

随着科学技术的不断发展，Andon系统由最初的拉绳模式发展到中期的一个按钮模式，目前为止，Andon已经发展到一种更高级的触摸屏模式，触摸屏模式让信息更加明确地传递出去，减少不必要的时间浪费。

Andon系统能够为操作员停止生产线提供一套新的、更加有效的途径。在传统的汽车生产线上，如果发生故障，整条生产线立即停止。采用Andon系统之后，一旦发生问题，操作员可以在工作站按一下按钮，触发相应的声音和点亮相应的指示灯，提示监督人员立即找出发生故障的地方以及故障的原因。一般来说，不用停止整条生产线就可以解决问题，因而可以减少停工时间，同时又提高了生产效率。

Andon系统的另一个主要部件是信息显示屏，显示屏分布在每个车间，悬挂在主要通道的上方或者靠近主要的处理设备。显示屏幕能够通过远程I/O与PLC进行通信，因而易于维护和系统扩展。

每个显示面板都能够提供关于单个生产线的信息，包括生产状态、原料状态、质量状况以及设备状况。显示器同时还可以显示实时数据，如目标输出、实际输出、停工时间以及生产效率。

根据显示器上提供的信息，操作员可以更加有效地开展工作。另外，不同的音乐报警可以使操作员和监督人员清楚了解其辖区内发生的问题。班组长也可以根据显示器上显示的信息识别并且消除生产过程中的瓶颈问题。

同时，班组长还可以从控制室或者远程监测站监测生产状态、原料处理以及设备运行状况。采用Andon监测软件，管理人员可以设置系统参数以及生成综合信息报告，包括停止请求、实际停止频率、停止原因以及停止时间等。

根据这些信息，工程人员和监督人员能够识别工艺可以改进的区域或者操作员需要进行进一步培训的地方。

AGV 和 Andon 是 MES 的重要组成部分和重要补充，它们的信息、执行、反馈等表明了它们都是“工业 4.0”和“中国制造 2025”的重要组成部分，也都是工业机器人系统设备的典型应用。

第8章

机器人弧焊生产线实战案例

前面章节介绍了机器人品牌，机器人相关应用场景，子系统的各品牌及各品牌之间的搭配选用，项目设计过程中的注意事项、安全事项等。本章将通过实际案例逐一介绍项目实施前、实施中和实施后的各方面的注意事项。

案例：机器人弧焊生产线项目

项目的总体概况：多台机器人弧焊工作站通过 AGV 连接成线，搭建自动生产、物料自动转运的全自动化生产车间，一期项目总体量 2000 万元以上。

项目服务于生产垃圾焚烧发电炉的某上市企业。焚烧发电炉燃烧室主要由多个炉排架连续放置组合而成，如图 8-1 所示，炉排架的外形尺寸根据整个设备日消耗垃圾能力的不同而有一定的差别。目前，主要的规格有 250t、400t、600t 和 800t 四种规格。炉排架由固定炉排架、活动炉排架、炉排及其他附件等组成。

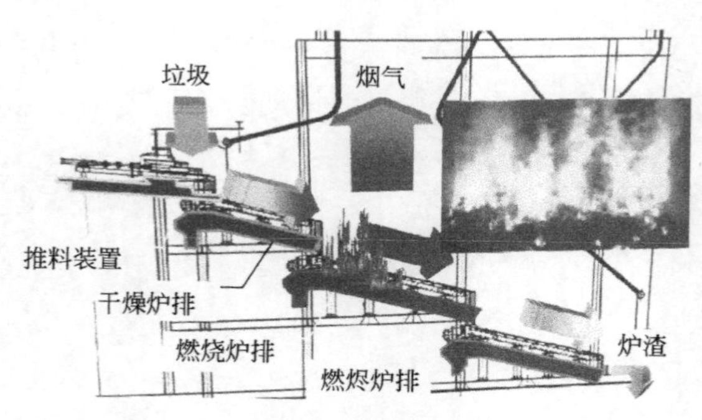

图 8-1 垃圾焚烧发电炉系统示意图

项目的主要需求是：现有的炉体结构件中的固定炉排架、活动炉排架等都是人工焊接的，如图 8-2 及图 8-3 所示，需要改成机器人自动焊接，减少焊工的使用量；改善现场工作环境，提升企业形象；收集生产过程中的多种信息，以方便统计工时、损耗、维护等各类成本；解决现场行车吊运量大的工作难题；改善车间物流合理性，提高安全生产保障。

图 8-2　固定炉排架焊接现场

图 8-3　活动炉排架焊接现场

(1) 明确项目具体要求

1）焊缝要求。

Q345B 材料，Q345B 专用焊条，CO_2 气体保护焊，满焊，不允许出现漏焊、虚焊现象，至少两道焊缝，角焊不打坡口，焊缝高度 5～20mm 不等，具体高度视图纸而定。

2）成品尺寸、形位公差要求。

尺寸控制在±2mm，要求严格的安装面在焊接后会再进行机加工；固定炉排架要求焊接后最大变形量不得超过6mm。

3）焊后处理要求。

焊接时用工装夹紧或拉紧固定，焊接后不再做回火热处理；未安装时，放置于车间内自然时效去应力；焊接工序无特殊要求；焊接后直接去喷砂和喷漆房。

4）项目实施的总体要求。

① 项目分段实施，先做立柱及活动炉排架的自动定位焊接，同时完成固定炉排架总装焊接生产线的方案设计。

② 初期可以用人工进行物料输送，但要考虑后期物料搬运系统扩展的接口和空间，同时需要考虑工作站的排烟除尘。

（2）项目的初步分析

1）保密协议的签订。

在现场了解相关需求后，着手签订了保密协议，拿到了二维图纸和部分三维图及现有的工艺文件和生产工艺卡。公司有保密协议的标准模板，需要和客户商量保密年限和违约金额。

2）初步分析项目整体状况。

项目主要需要生产的零部件是固定炉排架，由多个子组焊件组成，图8-4所示为固定炉排架三维结构示意图，可以先在子自动焊接生产线上完成拼装和点焊，然后转运至最终装配线组装后自动进行定位、焊接；活动炉排架是由两类子组焊件组焊而成，如图8-5所示。

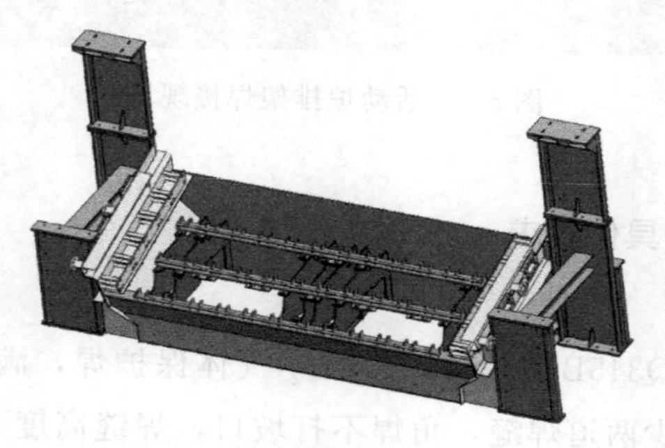

图8-4　固定炉排架三维结构示意图

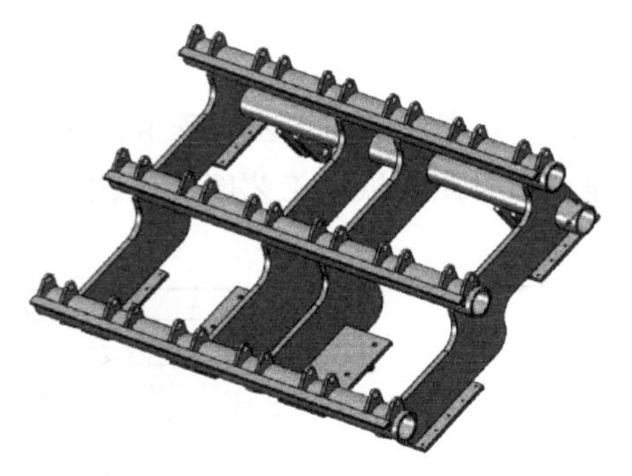

图 8-5　活动炉排架三维结构示意图

根据图纸，主要零件及子组焊件外形尺寸及质量如表 8-1 所示。

表 8-1　各规格零件的尺寸及质量

项目	零件	长/mm	宽/mm	高/mm	质量/kg	拼装时总质量
250t燃烧室	固定炉排架	7000	2500	2300	12000	约 20t
	活动炉排架	2000	1600	600	1000	
	立柱等	1000	800	400	500	
400t燃烧室	固定炉排架	8500	2500	2300	15000	约 25t
	活动炉排架	2000	1600	600	1000	
	立柱等	1600	800	400	700	
600t燃烧室	固定炉排架	11000	2500	2300	20000	约 30t
	活动炉排架	2000	1600	600	1000	
	立柱、风管等	1900	800	400	1000	
800t燃烧室	固定炉排架	17000	2500	2300	25000	约 35t
	活动炉排架	2000	1600	600	1000	
	立柱、风管等	2300	800	400	1250	

大部分零件来料为数控火焰切割料，公差控制在±1mm；定位要求高的部分零件，通过机加工，尺寸公差控制在±0.2mm。部分件有基准面，尺寸在一定公差内；部分件为手工火焰切割件，尺寸无法保证。

经初步分析和沟通，本项目主要是根据该类工件焊接的特殊需求，设计选用合适的焊接机器人，设计专用的工件变位设备，设计合格精度的工件定位系统，设计转运子组焊件去拼装的合理搬运系统，并进行合理的规划、集成。

（3）项目的初步规划

1）推荐的工艺流程分解。

图 8-6 为客户提供的工艺文件中的工艺流程卡，这类文件有很多，往往也会有缺漏，需要工程师仔细对照图纸、工艺图、工艺说明，逐步消化。

轴承座及油缸座组件（对称件） 详见部件装配焊接工艺图	主要零部件					
	序号	名称	图号	规格	数量	备注
	1	H型钢Q235B	044–1850–1.1.5	H250×250×9×14	12件	对称件
	2	H型钢内筋板	044–1850–1.1.12	δ=15普板	24件	Q235B
	3	轴承座垫板	044–1850–1.1.13	δ=50普板	12件	Q235B
	4	带螺孔支耳	044–1850–1.1.14	δ=20普板	24件	Q235B
	5	支座板	044–1850–1.1.6	δ=15普板	12件	Q235B
	6	筋板	044–1850–1.1.16	同上	12件	Q235B
	7	上筋板	044–1850–1.1.17	同上	12件	Q235B
	8	下筋板	044–1850–1.1.18	同上	12件	Q235B

工步号	工步内容及技术要求	设备	工艺装备	辅助材料	工时定额
1	清理装配平台，清点装配各零件，准备工具，熟悉图样和工艺				
2	在H型钢上制线，点焊H型钢内筋板及轴承座垫板，保证轴承座垫板形位要求				
3	在轴承座垫板上制线，点焊带螺孔支耳				
4	在筋板上制线点焊上筋板、下筋板及支座板				
5	在H型钢上制线(对称件)，点焊支座板组件				
6	检验合格后转焊接工序				
7	焊接				
8	打磨、清理焊渣及飞溅				
9	喷漆，做标识				
10	检验合格后转炉排框架制作				

图 8-6　人工焊接工艺卡

图 8-7(a) 为工艺图的一部分，需要时可到客户现场，对照实物［图 8-7(b)］研究。

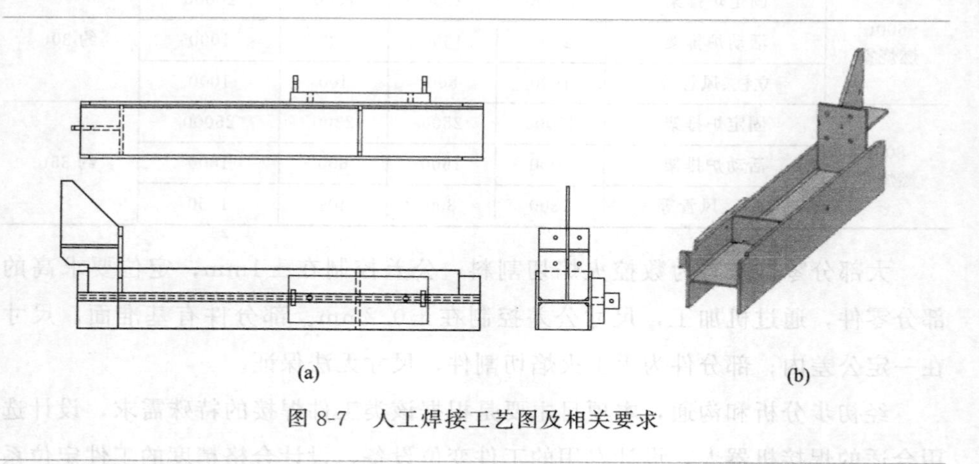

图 8-7　人工焊接工艺图及相关要求

在多次和客户的技术部、工艺部、生产部、质检部等部门沟通后，根据人工焊接生产及机器人自动化生产的特点，对现有的一些工艺进行了不同程度的拆解和整合，并给出了推荐工艺。

将最大的固定炉排架单元拆解成如图 8-8 所示的四个不同的子组件，这些子组件由焊接工作站完成拼装和焊接，再在总拼焊龙门工作站中拼焊成整体固定炉排单元，如图 8-9 所示。

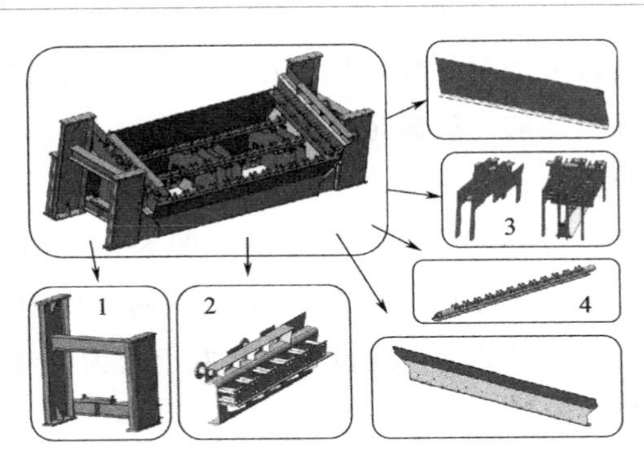

图 8-8　固定炉排架单元拆分示意图

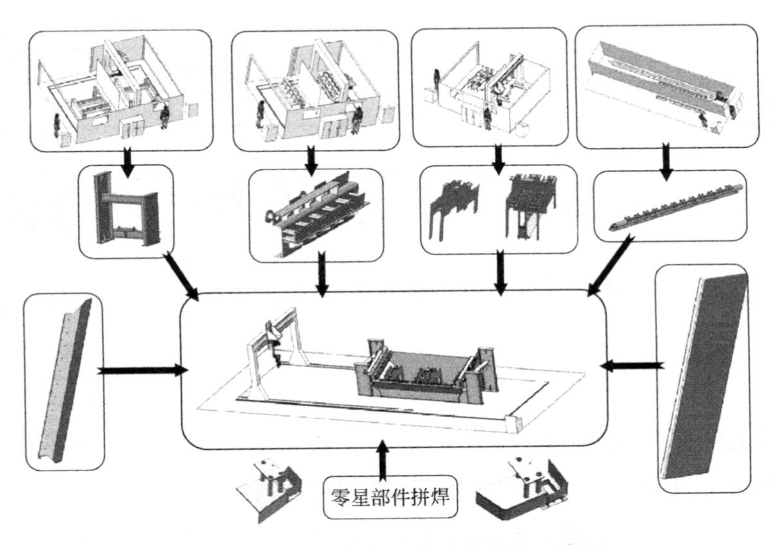

图 8-9　固定炉排架单元总装拼焊示意图

2）项目的可行性分析。

根据项目要求和初步分析得出的工艺方法来看，基本的焊接属于常规的气体保护焊接，没有特殊的要求，但是工件尺寸大，需要机器人移动；单个重量较重，变位困难；焊缝尺寸较大，涉及多层多道焊接；来料尺寸不稳定，需要焊接工艺和夹具弥补；焊后变形大，需要夹具保证精度或机器人适应能力强；工件规格多，夹具需要柔性适应。工作内容繁杂、时间紧张，这都给项目的施工带来了难度，但是经过慎重研讨，在上海交通大学机器人研究所多名机械、电气、焊接工艺教授、ABB 工程师和公司多名有丰富项目经验的工程师的支持下，认为项目具备较大的可行性，只需在关键节点进行评审把控，做好计划和推进协调工作，项目能够较好满足客户需求。

3）项目初步规划。

客户将企业的这类设备的生产厂房布局（图 8-10）给到了我们，要求我们在长度为 120m、宽度分别为 30m 和 24m 的两跨车间内进行排布和物流流向设计，右下角为本次项目的生产线设置区，左上角为物流的最终去处，是焊接后成品的喷砂、喷漆区域。

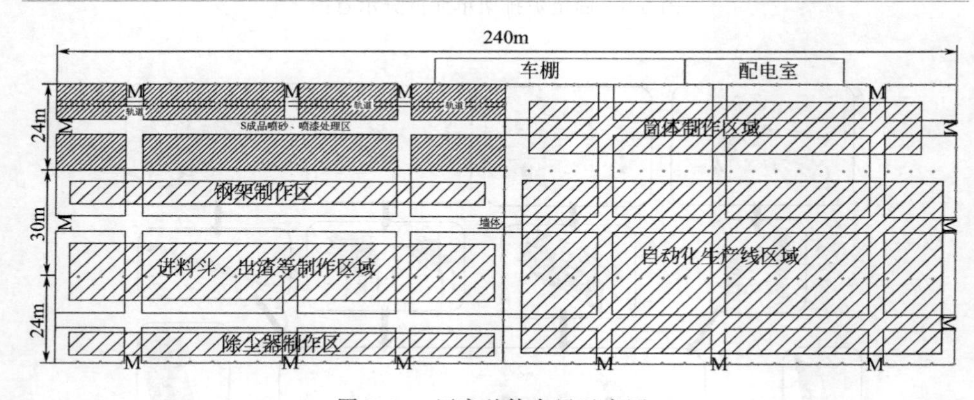

图 8-10　厂房总体布局示意图

根据工件实际情况和工艺拆解，将本次项目分解为 13 个工作站，如图 8-11 所示，并将每个工作站的初步设计方案跟客户的技术、工艺及生产的相关人员进行了多次沟通，典型夹具等的设计方案示意图如图 8-12 及图 8-13 所示，在此不一一列举。

根据物流流向要求，设计出最终排布示意图如图 8-14 所示，物流使用大的平板式 40tAGV 及 2t 叉车改制式的 AGV 进行转运。

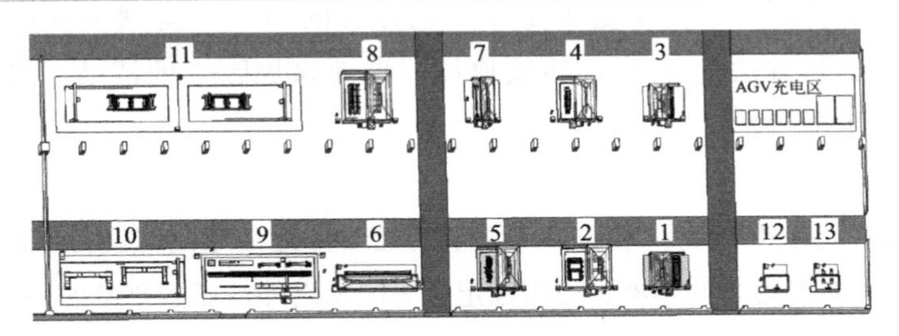

图 8-11 自动化生产线布局示意图

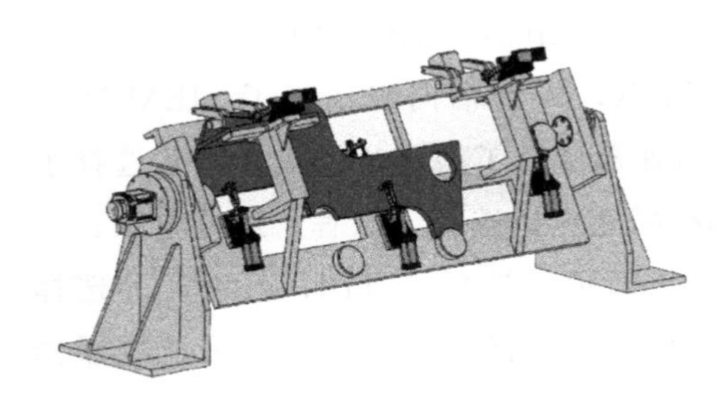

图 8-12 生产线中典型夹具 1

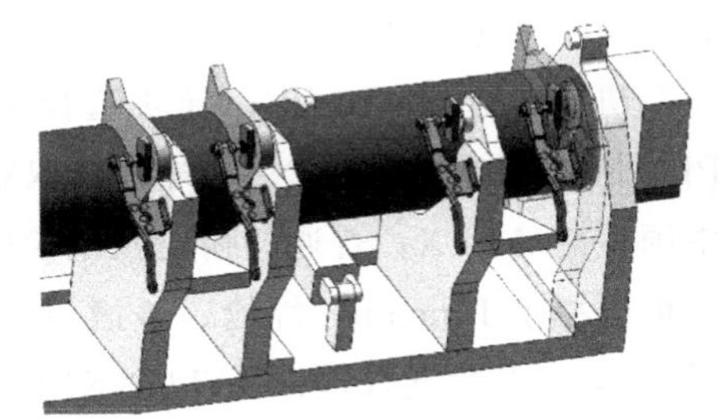

图 8-13 生产线中典型夹具 2

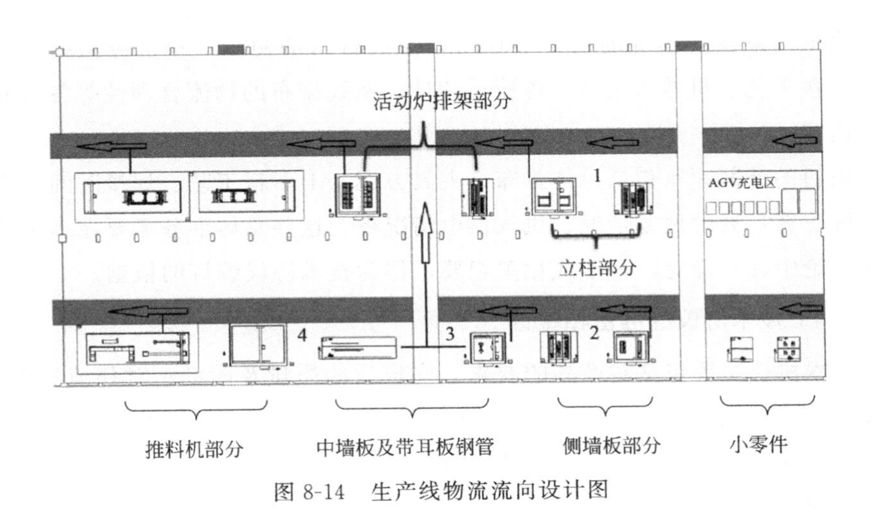

图 8-14 生产线物流流向设计图

4）项目的目标及扩展。

项目需建成整车间的机器人自动化焊接生产线、AGV 物流搬运成线。MES 系统执行车间计划，收集生产信息，对接给 ERP。后期可扩展为坐标机械手自动上下料，人工使用量少于原工艺方法的30%，焊接专业技术工人使用量少于原工艺方法的10%，环氧地坪，自动除烟除尘的清洁、自动、高效的现代化智能车间。

5）各类元器件的品牌选择。

由于客户是上市企业，根据第4章中的元器件选配原则，设备零部件品牌选择过程中除需要考虑企业形象、使用稳定性等因素之外，还需要考虑一定的性价比问题，由于项目本身难度较大，采用议价的方式，竞标竞价的因素考虑较少，也有一定的项目风险，选择较好的元器件可以避免在这方面浪费时间，而把精力集中在其他非标夹具的设计、安装、调试、工艺、整线工作进度把控上面。

机器人选择了ABB；导轨选择了THK；外部轴伺服选择了SIEMENS，PLC同样选择SIEMENS；外部轴RV减速器选择了振康；行星减速器选择了中国台湾APEX；普通的齿轮及蜗轮蜗杆减速电机选择了杰牌；焊接电源、送丝机选择了Lincoln；焊枪、碰撞传感器、清枪站选择了TBI；气动产品选择了SMC；夹紧气缸选择了TUNKERS；传感器选择了OMRON；低压电器选择了施耐德。

6）方案的评审。

完成方案及夹具等的初步设计后，需进行内部初步评审，包括结构、电气、焊接工艺、机器人选型、焊枪可达性、整线排布的物流合理性等各方面的相关内容。

项目的外部评审包括总体排布、夹具方案、上下料工艺、焊接时间、机器人品牌、客户处的地基情况、供气供电情况等，这些总体事务需要在多次的会议或讨论中逐一确定，并形成相关纪要，作为技术协议编订的依据。

（4）技术协议的准备和签订

技术协议主要包括对产品的要求、完成后的质量及图纸、对环境的要求、系统的主要构成、主要元器件的供应商、整个工艺过程、提供的技术资料、培训验收质保条款等，基本目录可参考图8-15。

1）技术协议的附件。

客户需要的产品图需要从总装图中摘取出来，形成专门的图纸文件，交由客户确认后，作为技术协议的附件一，和技术协议一同签字、盖骑缝章。

对于这类较大项目，需要将每个工作站的方案、整线排布等内容放入技术协议中，但是又不可能在项目初期未签订合同时完成所有结构设计，所以此时只需要将可行性评估时初步设计的结构图放入技术协议，仅需表达清楚必要的原理、结构、上下料工艺过程及焊缝可达性即可，这些内容和客户逐一确认后，作为技术协议的附件二，和技术协议一同签字、盖骑缝章。

1.概述

1.1 方案概述

1.2 焊接产品信息

1.3 环境要求

2.系统构成简介

2.1 六轴工业机器人

2.2 焊接系统

2.3 焊接专用变位机

2.4 焊接专用工装夹具

2.5 安全防护房及除尘设备

2.6 PLC控制系统及HMI操作界面

2.7 系统主要功能

2.8 主要元器件制造商

3.工艺过程简述

3.1 上料

3.2 工件定位夹紧

3.3 工件成型过程

3.4 下料

4.技术文件

5.培训

6.验收

7.质量保证

8.买方义务

9.其他

图 8-15　技术协议要点及目录

如图 8-16 所示的夹具、变位机和如图 8-17 所示的机器人移动、焊房、操作柜等，在项目的这个阶段无法给出更为详细的设计图纸，特别是项目体量较大时，进一步的设计更是需要花费大量的时间和人力，所以可以以这样的原理性的、初步评估过结构可行性的初步图纸和客户沟通并签订技术协议。但是需要注意的是，技术人员对结构的风险、项目实施的风险要有一定的评估，并能够很好地把控。

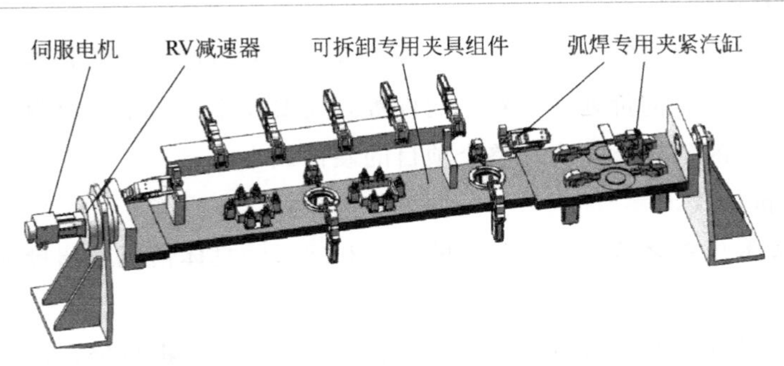

图 8-16　夹具初步设计结构图

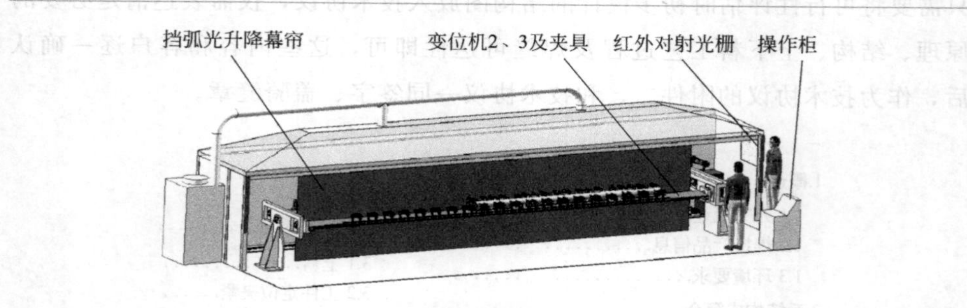

图 8-17　整体工作站初步设计图

这类较大项目在实施过程中，通常客户的采购和技术之间是比较脱节的，所以通常采购部门会要求将整线设备分解成单项设备，并将确定的品牌列入技术协议，这一部分内容可以作为技术协议的附件三，和技术协议一同签字、盖骑缝章。

2）技术协议中的注意事项。

技术协议中需要反复确认成品尺寸及技术要求、来料情况等，以图纸的形式作为附件文件一起签订，作为验收的唯一标准。

需要确定设备的主要功能、主体颜色、主要元器件供应商，确定设备的工艺过程及工艺时间等。

需要和客户确认培训方式、培训人员基本要求、培训周期、验收特别条款，安装时提供必要的帮助等。

（5）估价、报价及合同签订

1）价格的估算。

在初步确定项目实施内容之后，技术人员需要将已确定的外购件的品牌及型号给采购人员做询价处理。对结构件等，需要技术人员根据材料、热处理要求等做出适当的预算，并统计整个项目的硬件成本。

2）报价方式。

在有成本预算之后，根据公司的习惯和项目的具体情况或招投标要求，做出相应的报价。

项目的报价通常分为两种：一种是分设备的子系统报总价，这一类报价方便客户进行总价横向对比，一般这类项目总体量不大；另一类是硬成本、设计费、管理费、利润的分项报价，这一类报价方便客户在市场上比对元器件价格，是更为细致的报价方式，一般这类项目体量较大。

根据公司的规定或要求，填写表 8-2 即可算出设备总价，已将价格、比例等删除，供读者参考。

表 8-2 某一工作站的报价示例

序号		名称	规格	数量	品牌	备注	价格
1 机器人本体	1.1	弧焊机器人 1520ID	1520ID	1	ABB	硬成本	
	1.2	示教盒，带 10m 电缆		1	ABB		
	1.3	工业机器人控制电缆		1	ABB		
	1.4	工业机器人控制软件		1	ABB		
	1.5	弧焊软件包		1	ABB		
	1.6	智能接触寻位套件		1	ABB		
	1.7	电弧跟踪套件		1	ABB		
	1.8	碰撞检测软件		1	ABB		
	1.9	机器人移动系统		1	交睿机器人		
2 焊机系统	2.1	焊机		1	LINCOLN	硬成本	
	2.2	送丝机		1			
	2.3	焊接电缆		1			
	2.4	水冷焊枪		1	TBI		
	2.5	碰撞传感器		1			
	2.6	焊枪清枪站		1			
3 变位夹具	3.1	机架主体		1	交睿机器人	硬成本	
	3.2	伺服电机		2	ABB/安川		
	3.3	RV 减速器	320E	2	振康		
	3.4	工装夹具		2 套	交睿机器人		
	3.5	弧焊专用夹紧气缸		2 套	SMC/TUNKERS		
4		焊房及防护		1	交睿机器人	硬成本	
5		烟雾除尘系统		1			
6		安全防护及油漆		1			
7		电气控制系统		1			
8		系统集成调试		1	ABB/交睿机器人	软成本	
9		培训		1			
10		设计费		1	上海交通大学	软成本＝x％×硬	
11		管理费		1	交睿机器人	软成本＝x％×硬	

续表

序号	名称	规格	数量	品牌	备注	价格
12	利润		1		利润=x%×总	
13	税收		1		税收=x%×软	

耗材及备品备件清单

序号	名称	规格	数量	品牌	备注	价格
1	导电嘴座		10	TBI	消耗品	
2	喷嘴		10		消耗品	
3	送丝软管		1	LINCOLN	备用品	

有了表 8-2 所示的单个工作站的报价后，经过公司的审核，按照公司规定的格式、方式即可将总项目的报价给客户。

3）货期的初步评估。

项目签订前，需要根据多方的实际情况，对供货周期有一个初步评估，并结合客户的具体要求，双方共同商议确定一个供货周期。本项目中，货期最长的为批量的 ABB 机器人，需要结合这类最长的供货周期进行统筹，评估出最为稳妥的、双方都能接受的货期。

4）商务合同内的注意事项。

在商务合同中，需要明确双方的义务，特别是付款条件，阶段性付款需要明确节点等，在这个过程中一定存在多次有关货期、价格等的协商，在此不再赘述。

（6）计划的制订和执行

项目签订后，需要根据总的货期和实际情况，用倒排法制订出合理、可行的项目计划，如图 8-18 所示。

计划制订后，项目负责人按照计划，根据项目的难易程度、重要性等，组织人力开展相关工作，各部门也应该明确自身在项目中的职责，要做好相应的配合。

（7）设计、校核与出图

1）机器人及焊接系统选型。

根据实际焊接需求，选择了 ABB1660ID 机器人，带接触寻位、焊缝跟踪功能，配林肯焊接电源和 TBI 的水冷枪系统，具体配置如表 8-3～表 8-5 所示。

<table>
<tr><th colspan="13">项目计划节点</th></tr>
<tr><th>序号</th><th>项目名称</th><th>一个月</th><th>两个月</th><th>三个月</th><th>四个月</th><th>五个月</th><th>六个月</th><th>七个月</th><th>八个月</th><th>九个月</th><th>十个月</th><th>十一个月</th></tr>
<tr><td rowspan="2">1</td><td rowspan="2">弧焊工作站1、2完整</td><td>大件，机器人等，细节确认，下单采购</td><td colspan="2">大件、机器人等采购期</td><td>机器人本身调试</td><td rowspan="2">内部装配联调</td><td rowspan="2">客户现场安装、调试、培训、交付</td><td></td><td></td><td></td><td></td><td></td></tr>
<tr><td>夹具等全部设计完成</td><td>加工件，夹具出图，标件下单</td><td colspan="2">标准件、加工件采购期</td><td></td><td></td><td></td><td></td><td></td></tr>
<tr><td>2</td><td>工作站3、4、5、6、7、8框架</td><td colspan="2">具体夹具总体尺寸设计，焊房设计</td><td>加工件，夹具出图，标件下单</td><td colspan="2">标准件、加工件采购期</td><td>现场安装完成</td><td></td><td></td><td></td><td></td><td></td></tr>
<tr><td>4</td><td>工作站3、4夹具</td><td colspan="2">设计</td><td>加工件，夹具出图，标件下单</td><td colspan="2">标准件、加工件采购期</td><td>公司内部装配调试</td><td>现场安装、调试</td><td></td><td></td><td></td><td></td></tr>
<tr><td>9</td><td>工作站7、8夹具</td><td colspan="4">设计</td><td>加工件，夹具出图，标件下单</td><td colspan="2">标准件、加工件采购期</td><td>公司内部装配调试</td><td colspan="2">现场安装、调试、培训、交付</td><td></td></tr>
<tr><td>10</td><td>工作站5、6夹具</td><td colspan="5">设计</td><td>加工件，夹具出图，标件下单</td><td colspan="2">标准件、加工件采购期</td><td>公司内部装配调试</td><td colspan="2">现场安装、调试、培训、交付</td></tr>
<tr><td>12</td><td>工作站9、10、11、12、13</td><td colspan="11">二期工程考虑</td></tr>
<tr><td colspan="2">说明：</td><td colspan="11">1至8号工作站与现已给出的技术协议附件2的序号一一对应；9号和10号工作站分别为推料机的两个工作站;11号工作站为总拼工作站;12、13为零散部件的小型工作站。</td></tr>
</table>

图 8-18 项目整体计划节点图

表 8-3 机器人配置

机器人				
序号	项目功能	规格	数量	备注
1	弧焊功能机器人本体(橙色)	IRB 1660ID-4/1.55	1	10m 示教器线缆
2	SmarTac I/O version 接触寻位功能		1	
3	Advanced Weldguide 电弧跟踪功能	高级	1	
4	Power Source-Lincoln ArcLink 和焊机的通信	Ethernet	1	Lincoln 焊机
5	888-3 Profinet SW IO slave 和 PLC 的通信	Profinet	1	西门子
6	Collision detection 碰撞检测软件		1	
7	Arc 6 弧焊包		1	
8	Manipulator cable 机器人控制电缆	16m 柔性	1	
9	机器人安装方式 inverted	天花板吊装 inverted	1	

表 8-4 焊接电源配置

Lincoln 焊机				
序号	项目功能	规格	数量	备注
1	Power Wave 焊接电源	R500	1	1660ID 机
2	AutoDrive 4R220 送丝机	4R220	1	
3	Wire feeder mounting bracket 送丝机安装支架	适用 4R220	1	
4	Dress out kit 机器人管线包	1660ID	1	

续表

Lincoln 焊机				
序号	项目功能	规格	数量	备注
5	Drive Roll Kit 送丝轮	1.2mm	1	1660ID 机
6	Feeder Control Cable 送丝控制电缆	16m	1	
7	Wire Conduit 送丝管	2m	2	
8	Shielding Gas Hose 保护气管	16m	1	
9	Dome Connector 焊丝盘送丝组件、接口及接头	20KG 焊丝盘	1	
10	Ethernet Cable 通信电缆	7.5m	1	
11	焊接电缆，焊机至机器人 $90mm^2$	17m 柔性	1	
12	焊接电缆，焊机至工件 $90mm^2$	8m 柔性	2	
13	保护气体气压传感器	0～10kg	1	

表 8-5　焊枪系统配置

TBI 焊枪				
序号	项目功能	规格	数量	备注
1	机器人焊枪	RM82W/加长为 400mm	1	45°枪/缩口内径 14
2	焊枪电缆	亿旋电缆/1.0m	1	适应 ABB 1660ID
3	循环水箱	10L	1	配 16m 循环水管
4	防碰撞传感器	KSC-2W	1	
5	连接法兰	ABB 1660ID	1	
6	清枪站	BEG-2-VD-DAE 有清枪、剪丝、喷油功能	1	带 TCP 校准功能， 清枪铰刀需与枪匹配
7	导电嘴	与焊枪匹配	10	M6×28×1.2
8	喷嘴		10	内径 14mm

表 8-3～表 8-5 的配置确定了机器人的安装方式、机器人和焊枪的匹配接口、电缆长度、通信协议、焊枪长度、送丝直径、喷嘴形状等。

2）传动形式选择和参数设置。

传动形式在满足精度要求的情况下尽可能地考虑成本，选择了齿轮齿条传动，直线运动副选用的是线轨和轻轨，根据其他设备的经验，龙门移动的速度最大值设定为 9m/min，线轨上的机器人单轴移动速度最大值设定为 18m/min，具体的计算方法如图 8-19 所示，在表格中填写带有灰底的表格，就可得出其他结果。

序号	用途	运行速度的设计参考	设计速度/m·s^{-1}	设计速度/m·min^{-1}	传动方式	齿轮模数	齿轮齿数	分度圆直径/mm
1	龙门架移动	大型龙门吊和龙门铣床的移动速度最大在10m/min左右	0.15	9	齿轮齿条	4	26	104
2	机器人单独移动		0.3	18		3	25	75

分度圆周长/m	齿轮转速/r·min^{-1}	减速机	减速比	电机转速/r·min^{-1}	选用电机型号	扭矩/N·m	转速/r·min^{-1}	电机转速使用比
0.32656	27.56	APEX AB180	30	827	西门子6092大惯量电机3.5kW	16.7	2000	0.413
0.2355	76.43	APEX AB142	10	764	西门子6090大惯量电机2.5kW	11.9	2000	0.382

移动部件质量/kg	启动时最大静摩擦系数		摩擦力/N	电机折算到齿轮处的扭矩/N·m	电机对移动部件产生的推力/N	推力与摩擦力比较	安全因素	备注
3000	钢轮对钢轨	0.2	6000	470.94	8422.6	大于	2.8	两个电机/可用
600	一组四个滑块	0.1	600	111.86	2774.1	大于	4.6	结合成本再考虑是否选小一号

图 8-19 传动机构部分的设计选型及校核

根据这些计算结果，能迅速地选出行星减速器的减速比、伺服电机选用的功率大小等，可快速地对所选结构做出校核。

3）关键结构件设计。

图 8-20 所示为某一工作站的工件及夹具支撑结构件，工件长 8m，两端支撑的夹具支撑件更是达到了近 10m，工件本身自重不大，只有 200kg 左右，但是支撑点跨度太大，导致夹具支撑件虽然强度没有问题，但是刚度不足，变形过大，有限元分析显示最大变形超过 6mm，超过了机器人焊接最大可接受的范围；另一个问题是扭转刚度不足，导致一侧旋转，另一侧并没有同时到达指定位置。这些问题都是结构设计中的关键问题，如何去设计、校核、决策都需要工程师在实际工作中长期积累，敢于创新，敢于决策，才能很好地解决问题[15]。

4）关键部件的校核计算。

有些外购件需要仔细计算其相应的承载能力，根据相关的参数进行设计，根据结构或传动参数初选型号后进行校核。在设计变位机时，RV 减速器就是这样的典型外购件，需要根据相关尺寸按照允许弯矩进行设计选择。

允许弯矩表示可支撑 RV-E 型减速器的减速器通常运转时发生的负载弯矩（启动、停止时的弯矩等）的允许值。

负载弯矩和推力负荷同时作用时，请在允许弯矩线图范围内使用。

$$M_c \leqslant \text{允许弯矩值}$$

$$M_c = (W_1 l_2 + W_2 l_3)/1000$$

$$l_2 = l + b - a$$

式中　M_c——负载弯矩，Nm；

W_1，W_2——负荷，N；

l_2，l_3——到负荷作用点的距离，mm；

l——输出轴安装面到负荷点的距离，mm。

根据图 8-21 所要求的尺寸和允许弯矩选用了 320E 型和 450E 型减速器。需要注意的是：在设计时，要分清变位机是简支梁还是悬臂梁，这两者的计算方法是不一样的，否则选型结果会相差很大。

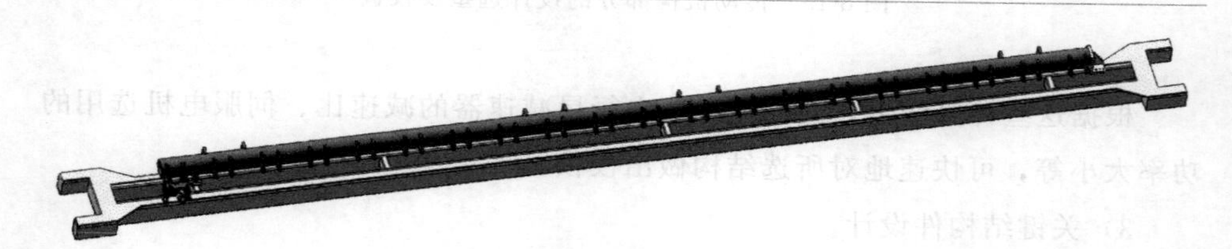

图 8-20　关键结构件的设计

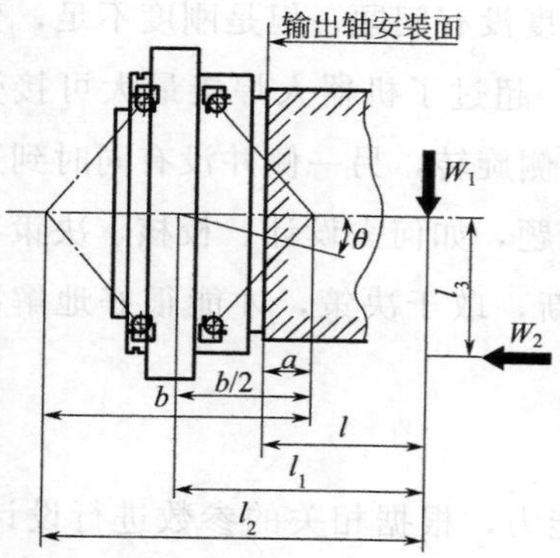

型式	允许弯矩 /N·m	允许轴向推力 /N
RV-6E	196	1470
RV-20E	882	3920
RV-40E	1666	5194
RV-80E※1	2156	7840
RV-80E※2	1735	7840
RV-110E	2940	10780
RV-160E	3920	14700
RV-320E※1	7056	19600
RV-320E※2	6174	19600
RV-450E	8820	24500

注：※1表示输出轴螺栓连接型；
※2表示输出轴针齿并用连接型。

图 8-21　RV 减速器的设计选用原则及许用参数

5）焊枪可达性报告。

在完成设计之后，要对每一条焊缝进行可达性分析，形成报告，关键位置截图要放入报告，可达性模拟录制视频文件交底、备用、存档。

图 8-22 是夹具内部焊枪的可达性，图 8-23 是机器人和变位机的距离，图 8-24 是龙门的通过性，这几大类别的可达性都需要逐一模拟，形成报告，并向甲方做技术交底。

图 8-22　夹具内部焊枪可达性

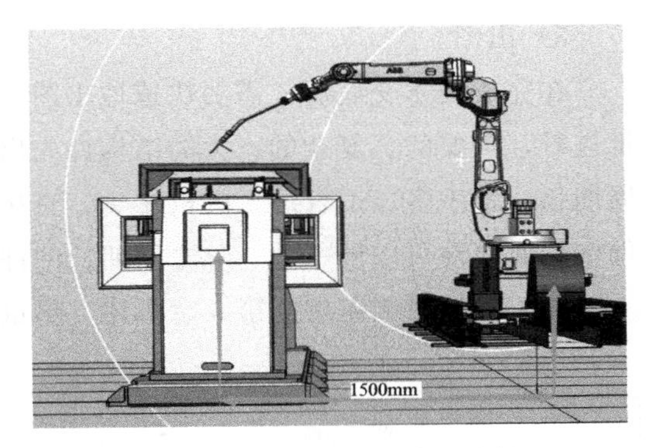

图 8-23　机器人臂展的可达性

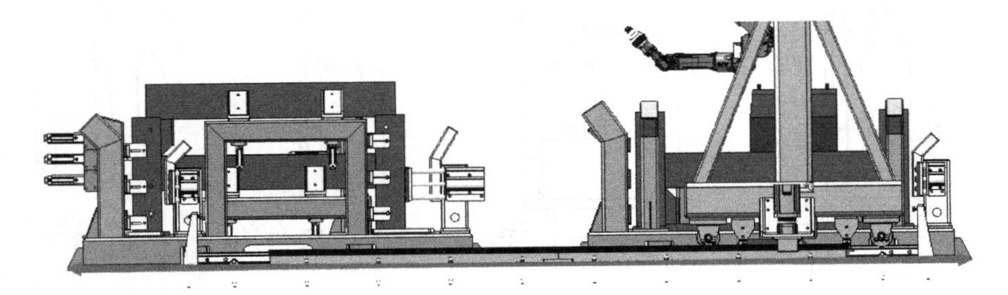

图 8-24　龙门在夹具上方的可通过性

6）外部技术关系的协调和统筹。

外部技术关系有很多，如客户处的供电、供气要求，AGV 的接口、通道，MES 的接口、通信协议及工作切割，来料的工装夹具设计推荐，成品在后道车间的使用情况等。

除了外部技术关系的处理，相关的协调及计划节点的给出等工作，如客户新建的集中供气站的保护气体到位时间节点，也是影响整个调试进度的关键节点，地面的环氧地坪也是一个重要影响因素，关系到设备何时能够进场，这些节点都对设备安装调试进度有着重要影响，需要工程师严格把控。

7）客户处的技术交底。

上述的技术资料准备完成后，需要做一次公司内部的评审，评审后，就这些方案、设计、资料、要求、计划、图片、视频等相关资料和客户进行会议沟通，让客户的技术、质检、工艺、生产等各个部门能够大概知道设备的功能、使用方法、过程中需要的配合等。

8）出图。

在完成技术交底后，需要快速地出图，快速地进入采购流程。出图可以分批进行，重要的、复杂的、大的结构件先出图，先报价，先加工，因为这些件周期长、工序多、适合加工的机床少，直接影响项目进度，小型结构件、外购件中的通用件可以慢一拍，总之周期长的件要先进入采购流程。

加工件的图纸需按照第 5 章所述，尽量全面地表达信息，如图 8-25 所示。

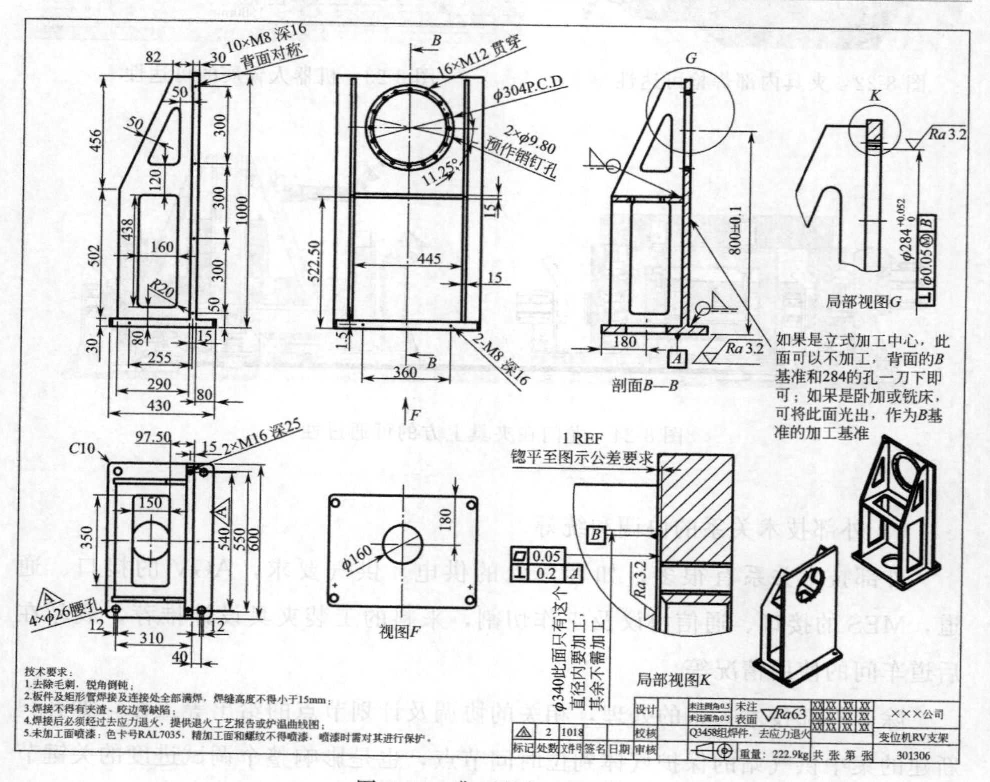

图 8-25　典型的加工图纸

在 BOM 表中不能表达清楚的外购件，同样也需要出图，如机器人和焊接电源等，技术条款多达十几条，BOM 表无法表达清楚，本项目也采用图纸的方式，将需要采购的内容传达给采购人员，以降低对采购人员素质的要求，减少采购的工作量。

（8）采购

1）供应商的选定。

需要根据现有供应商体系尽快确定供应商，对于特殊零件，现有供应商体系无法满足的，技术人员需要协助采购完成供应商的考察、挑选、试制、敲定等相关工作。

2）加工过程中的品质管控。

加工过程中，需及时查看零件，对相关重要过程进行节点把控，如对重要部件的原材料、热处理等进行把控。

图 8-26 所示是龙门主梁的材料质量书和退火工艺的炉温曲线，这是质量把控的第一手资料，需要公司的质量体系做整体把控。

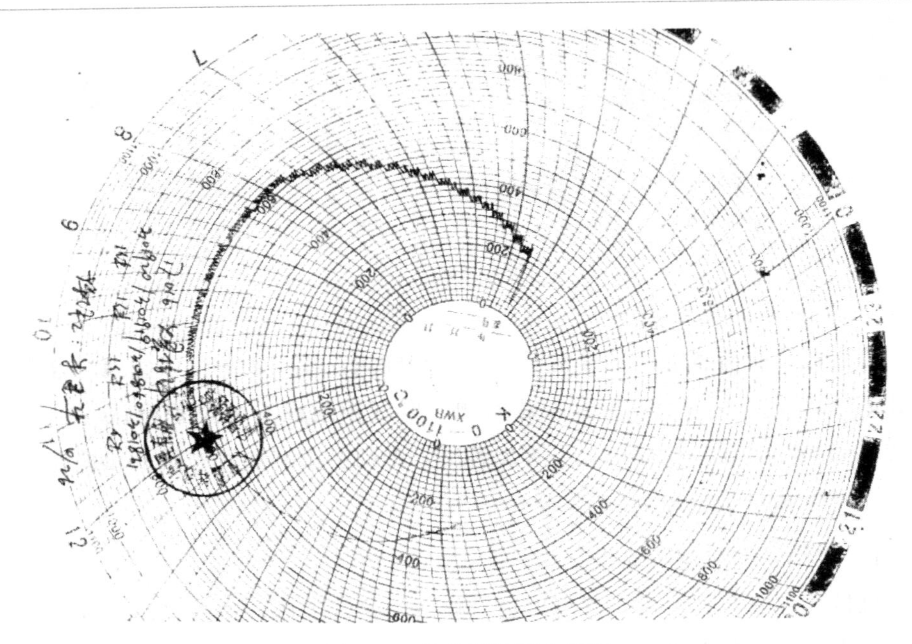

图 8-26　热处理炉温曲线图

由图 8-26 可以清晰地看到炉温随时间的变化、升温时间、保温时间、随炉冷却时间等。

3）异常零部件的处理。

加工过程中，装配初期发现问题要以最经济的方式去处理；调试开始后面临交期压力，这时要更关注速度而少侧重成本，也就是要快速处理在调试时期的质量问题。

（9）安装

1）安装中的精度控制。

由于精度要求较高，一般的水平仪无法满足，如图 8-27 和图 8-28 所示，本项目中采用的是莱卡激光跟踪仪进行安装调整，以保证设备整体的平面度、关键部位的同轴度、平行度等[16]。

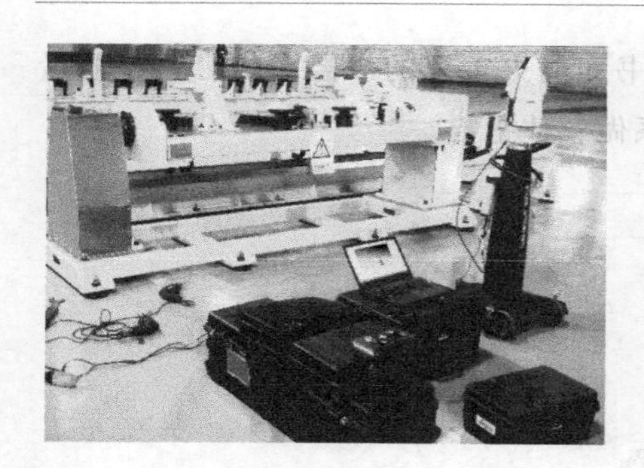

图 8-27　激光跟踪仪工作现场

图 8-28　激光跟踪仪记录的空间点阵图

2）安装中的统筹工作。

安装过程中有各方面的事情需要协调和确认，比如本项目中碰到的电缆沟避让问题、AGV 及 MES 配合安装问题、电气柜地面安装位置确认等，这些问题需要及时、逐一地探讨并妥善地解决，否则会影响项目的质量和进度。

（10）调试、试生产

1）接线、完成逻辑动作。

机械部件安装到位后，就可以进行接线、接管工作，这些工作要特别注意走线、走管的隐蔽性和美观性，同时还要方便后续维护或出现故障时的排查，多个工作站及整线需要统筹考虑排线、排管问题。

2）完成机器人示教。

根据前期的焊缝和可达性分析，需要对每条焊缝进行示教，对机器人移动及变位机的逻辑动作进行编程。对于焊缝的试焊，可以在工件的外部，使用相同板厚的试样进行试焊，试焊的参数可以参照焊接电源厂家给出的建议参考值，先进行初步试焊，后期再根据焊缝位置、表面状况、焊缝层数和道数、熔深要求、焊高要求等对焊接参数进行微调。林肯推荐的碳钢或低合金碳钢的焊接参数如表 8-6 所示。

表 8-6　林肯推荐的碳钢焊接参数表

干伸长度：16～19mm 保护气体：20%Ar+80%CO_2 保护气流量：17～21L/min 推角方式焊接												
底板厚度/mm	5	6		8				10			13	
肋板厚度/mm	4	4.8		6.4				7.9			9.5	
焊丝直径/mm	0.9	0.9	1.1	0.9	1.1	1.3	1.6	0.9	1.1	1.6	1.3	1.6
送丝速度/(m/min)	9.5	10	8.9	12.7	9.5	8.1	6	15.2	12	6	12.3	6
电流/A	195	200	285	230	300	320	350	275	335	350	430	350
焊接速度送丝速度/(m/min)	0.6	0.48	0.63	0.35	0.45	0.45	0.48	0.25	0.33	0.3	0.33	0.23
电压 DA/V	22	23	24	27	29	28	29	27	30	30	27	32

（11）设备的初步验收

1）功能的初步验收。

功能的初步验收是指在参数文件的指导下，初步对试样剖切后熔深合格，所有生产线内部的工作站的出件尺寸、焊缝高度合格，外围辅助设备全部到位后，可以和客户商量对初步的使用功能进行一次清点，商讨是否还有需要增补的功能或需要调整的功能。

2）确定最终采用的工艺。

在确定功能后，和生产部确定操作习惯，方便使用的前提下，和质检部对具体焊缝质量、焊接工艺做一些固化确定，可以共同参照国家标准制订一些评定标准，共同完成焊缝质量的评定，确定每条焊缝的焊接工艺，确定机器人及变位机每一次协调动作完成的工作内容，结合客户前后道工序固化焊接参数及物流流向等相关的生产工艺。

（12）陪产、完善设备

1）解决异常问题。

在确定工艺、生产流程和产品合格的情况下，需要持续地进行生产，因项目较大，总体比较繁杂，在生产过程中出现的问题，需要及时解决，如存在陪同生产的工程师不能解决的问题，要及时向公司反馈，公司要及时组织人力、物力进行现场诊断，以确保客户的正常生产。

2）重复精度的复检、终检。

在试生产一段时间后需要对设备进行一次全面的检查，包括螺钉、润滑、精度等的检查。按照国家重复定位精度检验办法，检测设备的重复定位精度在±0.1mm以内，满足国家及行业标准，满足弧焊使用要求。本次检验中需要公司内部有内审资格的检验人员在场，并全程参与、监督，合规、合格后公司出具设备合格证。

（13）资料交付，设备初验收

根据技术协议，向客户交付规定数量的设备装配图、说明书，机器人说明书及维护保养手册，电路图、程序等电子档及纸质文档，协助客户的采购、技术、财务或仓库及生产部门清点设备数量，依据附件核对零部件的使用品牌，交付设备合格证，完成生产线的初步验收。

以上工作内容实际上非常庞杂，在此笔者只是一笔带过，其中的困难及解决方法都需要工程师一一发现和寻觅。

（14）终验收

1）焊缝质量的检验方法及结果。

本次项目的检验采用的是试验检验，通过第三方检测机构的无损检测试样和实际工件的一致性来判断工件是否合格。这种方式是针对价值较高，无法做破坏性试验的工件的常规检验、验收方法。

对图8-29所示的典型的、重要位置的焊缝做了剖切、相控阵超声波检验，对熔深、熔透、气孔等关键指标都做了分析。

由图8-30可以看出未焊透的位置、大小等缝隙情况，由于是静载结构件，设计时就留了间隙，避免气刨，做了不熔透焊缝设计，测得的结果符合不熔透焊缝尺寸要求，工件、试样超声波检测都符合设计要求，试验切片检查熔深和焊喉高度都满足要求。

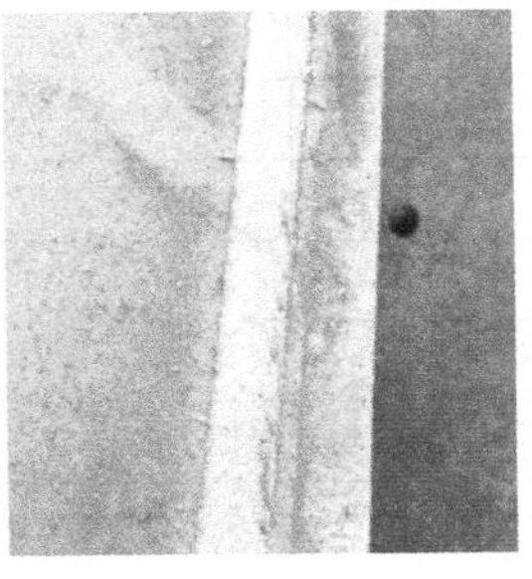
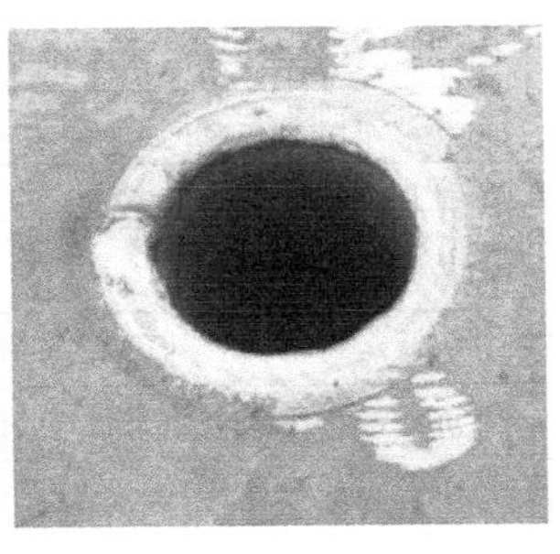

图 8-29 典型的三种焊接接头成品焊缝外观效果图

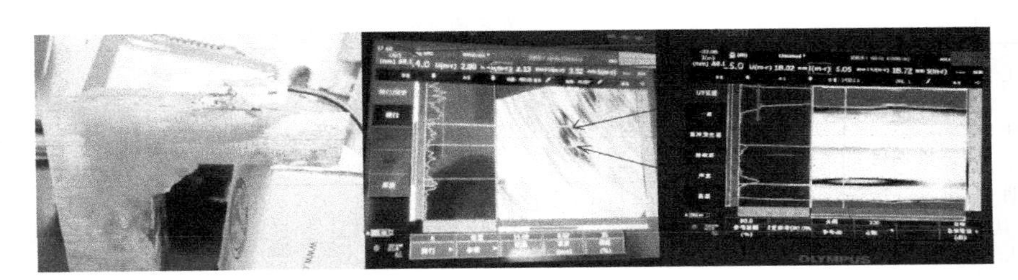

图 8-30 相控阵超声波检验现场及测量结果图

2）第三方检测机构及采用标准。

本次第三方检测机构是 SGS 的上海中心。SGS 是国际公认的检验、鉴定、测试和认证机构，是全球公认的质量和诚信基准，全球有 2600 多个分支机构和实验室，主要业务包括检验、测试、认证和鉴定。

采用的焊接标准是 GB 50661—2011，采用的无损检测标准是 GB/T 11345—2013。

3）验收文件。

设备的终验收一般会有两张表格的原始文件，签名栏和具体内容可以参考表 8-7 和表 8-8，具体条款可以根据项目的实际情况进行适当调整，相应的客户人员签字后，归档。

表 8-7 设备安装调试验收表 编号：TL-SB-06

设备名称		规格/型号	
出厂编号		使用单位	
生产厂家		调试日期	

续表

安装及调试试用期	外观是否完好:是□否□	规格型号是否与投标文件一致:是□否□
	配件数量是否与合同一致:是□否□	参数配置是否与投标文件一致:是□否□
	整机是否可投入使用	设备是否进行现场使用培训
	安装记录(附后)	
	空负荷运行情况:□合格 □不合格(验收记录附后)	
	带负荷运行情况:□合格 □不合格(验收记录附后)	
	各精度测试情况:□合格 □不合格(验收记录附后)	
	设备安装后有何建议、要求及意见: 安装调试负责人签名: 时间:	
正式使用期<10天后	各参数是否与安装及试用期一致:是□否□	
	各性能是否与使用说明书完全符合:是□否□	
	整机现已正式投入正常使用:是□否□	
	设备试用期中发现有何需要改进的建议、要求及意见: 设备使用部门负责人签字: 时间:	
安装调试结束日期:		验收日期:
验收结论("合格"或"不合格")及处理意见("验收使用"或"退货""更换")		

验收负责人意见		项目公司总经理意见	
部门负责人意见			

表 8-8　设备及资料交接记录表　　　　编号:TL-SB-02

设备名称	中文			
	外文			
规格型号 国别及厂商				
出厂编号			出厂日期	
设备来源			设备定位点	
到货日期			技术验收期限	
价格	人民币		技术资料份数	
	外币		说明书份数	

续表

质量保证期			索赔期限				
配套设备							
序号	名称	型号	规格	数量	存放位置	入库时间	主要负责人签字
1							
2							
3							
4							
5							
6							
7							
8							
9							
10							
11							
12							
13							
14							
15							
16							

（15）培训、维护和质保

合格的培训和正确的维护是保证质量的重要前提，在质保期结束以后，还需要提供一定的技术帮助。

1）培训。

客户的受训人员应有一定的计算机基础，机器人操作者要求中专以上文化水平，主管技术人员要求大专以上文化水平，并熟悉计算机。必要时可以参与设备的安装、调试等工作，便于后期接管设备。必须能够熟练操作后才可以单独使用设备，没有经过培训的人员不得使用设备。

2）维护保养。

维护保养主要包括机器人的保养、焊枪的保养、送丝机的保养、焊接电源的保养、周围辅助设备的润滑保养及其他结构件的保养维护等。

① 对机器人的保养。主要是指定期更换减速器油脂，定期检查电气柜内

的电气设备，示教器急停的检测等。

② 焊枪的保养。主要是指对导电嘴定期进行检查、更换，对弹簧软管定期进行清理和更换，对水冷密封件定期更换。

③ 送丝装置的保养。主要指压力的调整、焊丝矫直装置的调整、送丝滚轮沟槽的磨耗及污损检查。

④ 焊接电源的保养。主要指检查电源是否有异响、振动、发热，端子电缆是否松动等。

⑤ 外围辅助设备的润滑保养。主要是指各连接点、导轨滑块、齿条、减速器等润滑点，按照说明书标示的使用里程、时间等进行月度或年度保养。图 8-31 所示是一个工作站的典型润滑点，需要按要求定期加油保养。

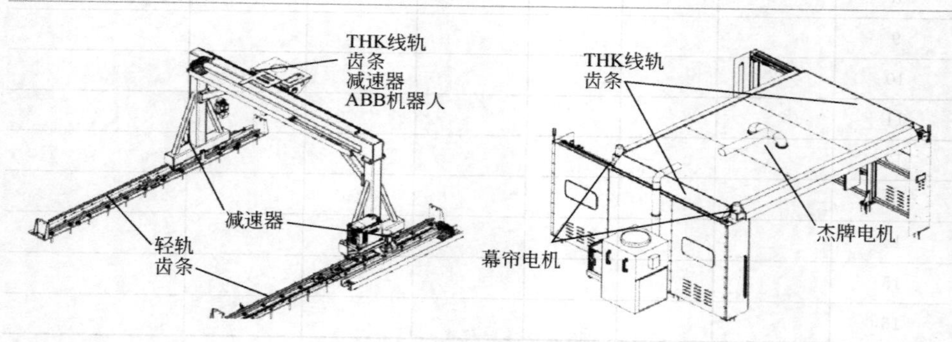

图 8-31　工作站所有润滑点位置

根据现场设备使用的频率共同制订加油维护的周期，具体间隔时间可以参考表 8-9。

表 8-9　点检时间间隔表

序号	需维护项目	日	月	年
1	THK 线轨		√	
2	齿条		√	
3	三相异步电机			√
4	RV 减速器		√	
5	行星减速器		√	
6	轴承座		√	
7	机器人			√
8	清枪站	√		

⑥ 其他结构件的维护。其他结构件的维护是指加工面没有完全配合的地方需要刷硬膜防锈油，外观定期补漆、清洁，除尘器定期清洁等。

以上实施的定期保养和检查可以减少设备故障的发生，虽然需要花费一些时间与精力，但是可使设备的寿命延长，并能提高生产效率，确保设备的使用性能及安全性能，是设备使用中不可忽视的一项重要内容。

3）质保

在质保期内，工程师更是有必要协助客户建立这样的保养维护习惯，帮助养成规范使用设备的意识，这对双方来说是共赢的。

质保期长短可以共同商定，一般为一年，质保条款中一般应明确不可抗力导致设备损坏的免责。

（16）碰到的问题及注意点

大型项目在实施过程中会遇到很多问题，这些问题要好好总结，反馈给设计人员，以帮助工程师成长。在一个项目中，设计工作一般来说是比较重要的，因为前期的一个设计错误或考虑不全面，在调试时需要花很多精力来调整弥补，甚至需要推翻重来。

1）夹具部分。

夹具部分是最难的，也是每个新项目都需要新设计的内容，结构形式复杂多变，这就需要工程师长期积累，根据本书前面介绍的设计原则，进行充分全面的思考、设计及评审。因多方面的原因，本次项目中的 6 号站夹具就出现了较大的变动，要注意夹具对工件变形的“管”和“放”。

2）电气部分。

本次项目中选用的西门子 V90 伺服电机，出现了较多的故障，如振动、编码器故障等。工程师选择品牌和系列时，需要注意不要选择新产品，应尽量选择稳定产品。

3）调试备件。

大型项目中，零部件的选择尽量要通用，规格种类不宜过多，多个规格时，需要向上或向下合并整合。应在调试时购买适当数量的调试备件，以确保项目的总体进度。

实际项目实施过程中还会碰到很多问题，如气管接头、管线走线、电缆及气管的防烫、挡弧光幕帘的顺畅性及地面的防护等细节问题，这些都值得注意、学习，在此不再一一列举。

（17）专利及知识产权

项目实施中，如果有很好的创新点，可以进行相关的专利申请；如果有相关的编程等，可以进行软件著作权的申请。专利批准后，方便这类项目申请省级以上智能制造、机器人等专题项目。实际上，本项目结束后，也获批了多个发明专利和实用新型专利。

（18）项目实施的最终效果

项目最终做成了以机器人焊接工作站为主体，有 MES 系统、AGV 物料搬运系统、Andon 显示系统的智能化车间。

图 8-32 所示为车间一期工程全貌，图 8-33 所示为机器人批量化焊接成品，整个车间工人极少，成品放置也变得有序整洁。

图 8-32　本项目的一期工程全貌

图 8-33　机器人批量化焊接成品

读者可以结合第 5 章和第 8 章内容一起学习，第 8 章内容是第 5 章内容的具体实施案例，供大家参考。

参考文献

[1] 刘极峰.机器人技术基础［M].北京：高等教育出版社，2006.

[2] 日本机器人学会.机器人技术手册［M].宗光华，程军实，等，译.北京：科学出版社，2006.

[3] Bruno Siciliano，Qussama Khatib.机器人手册［M].《机器人手册》翻译委员会，译.北京：机械工业出版社，2013.

[4] 黄纯颖.机械创新设计［M].北京：高等教育出版社，2004.

[5] 刘伟，周广涛，王玉松.焊接机器人基本操作及应用［M].北京：电子工业出版社，2012.

[6] 张洪润，博瑾新，吕泉，等.传感器技术大全［M].北京：北京航空航天大学出版社，2007.

[7] 吴宗泽.机械设计师手册［M].北京：机械工业出版社，2002.

[8] 陈焕明.焊接工装设计［M].北京：航空工业出版社，2006.

[9] 高秀华，等.机械三维动态设计仿真技术：Pro/Engineer 和 Pro/Mechanica 应用［M].北京：化学工业出版社，2003.

[10] 郑建荣.ADAMS 虚拟样机技术入门与提高［M].北京：机械工业出版社，2002.

[11] 买买提明·艾尼，陈华磊.ANSYS Workbench 18.0 高阶应用与实例解析［M].北京：机械工业出版社，2018.

[12] 中国质检出版社第五编辑室.焊接标准技术汇编［M].北京：中国标准出版社，2011.

[13] 石一民，冯武卫.机械电气安全技术［M].北京：中国海洋出版社，2016.

[14] 日本日经制造编辑部.工业 4.0 之数字化车间［M].石露，杨文，译.北京：东方出版社，2018.

[15] 刘鸿文.材料力学［M].北京：高等教育出版社，2004.

[16] 郑少华，姜奉华.实验设计与数据处理［M].北京：中国建材工业出版社，2004.

后记

本书第1章和第2章主要介绍了机器人的品牌及主要的应用场景，第3章主要介绍了配合机器人使用的各类设备原理及用法，第4章中主要介绍了机器人外部各类设备的品牌及品牌的选用原则，第5章主要介绍了具体实施过程中需要注意的事项，第6章单独列出了工业机器人操作系统的安全注意事项，第7章是一些信息化和智能化的延伸内容，第8章是实施的具体案例。

本书是从工程应用的角度编写，适合于机器人领域初入行的工程师阅读，可快速地了解行业的概况，鉴于作者的水平、能力及见识都非常有限，疏漏之处在所难免，欢迎读者批评指正或沟通探讨，相关意见或建议可发至邮箱zhoueq@163.com。

本书主要是根据编者十余年的工作经验、项目经历进行整理编写的，供大家参考。部分相关内容参考了相关文献，在此表示感谢，还要感谢团队的鼎力支持，感谢ABB和上海交大机器人研究所的多位专家老师的指导。

欢迎各位读者来信探讨、指正。

编者